学术引领系列

地球科学学科前沿丛书

国家科学思想库

U0389077

空间天气科学服务
和平利用空间

魏奉思　万卫星　曹晋滨 等　著

科学出版社

北　京

图书在版编目（CIP）数据

空间天气科学服务和平利用空间 / 魏奉思等著 . —北京：科学出版社，2018.7
（地球科学学科前沿丛书）
ISBN 978-7-03-058012-2

Ⅰ．①空…　Ⅱ．①魏…　Ⅲ．①空间科学－天气学－研究
Ⅳ．① P44

中国版本图书馆 CIP 数据核字（2018）第 131838 号

责任编辑：张　莉　张晓云 / 责任校对：邹慧卿
责任印制：李　彤 / 封面设计：有道文化
编辑部电话：010-64035853

科 学 出 版 社 出版
北京东黄城根北街16号
邮政编码：100717
http://www.sciencep.com

北京虎彩文化传播有限公司 印刷

科学出版社发行　各地新华书店经销
*
2018 年 7 月第　一　版　开本：720×1000　1/16
2022 年 1 月第二次印刷　印张：10 3/4
字数：200 000

定价：88.00 元
（如有印装质量问题，我社负责调换）

地球科学学科前沿丛书·空间天气科学 服务和平利用空间

项 目 组

组　　长：魏奉思　艾国祥　李崇银

成　　员（以姓氏笔画为序）：

于英杰　于　晟　万卫星　王　水　王　赤

王劲松　方　成　冯学尚　刘代志　刘瑞源

许绍燮　许厚泽　杨元喜　肖　佐　吴　健

吴　雷　宋笑亭　张永维　张绍东　林龙福

欧阳自远　易　帆　费建芳　郭华东　唐歌实

涂传诒　黄荣辉　龚建雅　戚发轫　隋起胜

蒋　勇　窦贤康　廖小罕

撰 写 组

组　　长：万卫星　曹晋滨

成　　员（以姓氏笔画为序）：

王　水　王世金　王　赤　毛　田　方涵先

刘立波　刘连光　杜爱民　杨成昀　杨国涛

李　陶　余　涛　汪毓明　张绍东　张效信

陆全明　陈　耀　周　率　宗秋刚　袁运斌

唐歌实　徐记亮　徐寄遥　黄开明　黄建国

章　敏　傅绥燕　窦贤康　颜毅华

丛 书 序

  随着经济社会以及地球科学自身的快速发展，社会发展对地球科学的需求越来越强烈，地球科学研究的组织化、规模化、系统化、数据化程度不断提高，研究越来越依赖于技术手段的更新和研究平台的进步，地球科学的发展日益与经济社会的强烈需求紧密结合。深入开展地球科学的学科发展战略研究与规划，引导地球科学在认识地球的起源和演化以及支撑社会经济发展中发挥更大的作用，已成为国际地学界推动地球科学发展的重要途径。

  我国地理环境多样、地质条件复杂，地球科学在我国经济社会发展中发挥着日益重要的作用，妥善应对我国经济社会快速发展中面临的能源问题、气候变化问题、环境问题、生态问题、灾害问题、城镇化问题等的一系列挑战，无一不需要地球科学的发展来加以解决。大力促进地球科学的创新发展，充分发挥地球科学在解决我国经济社会发展中面临的一系列挑战，是我国地球科学界责无旁贷的义务。而要实现我国从地球科学研究大国向地球科学强国的转变，必须深入研究地球科学的学科发展战略，加强地球科学的发展规划，明确地球科学发展的重点突破与跨越方向，推动地球科学的某些领域率先进入国际一流水平，更好地解决我国经济社会发展中的资源环境和灾害等问题。

  中国科学院地学部常委会始终将地球科学的长远发展作为学科战略研究的工作重点。20 世纪 90 年代，地学部即成立了由孙枢、苏纪兰、马宗晋、陈运泰、汪品先和周秀骥等院士组成的"中国地球科学发展战略"研究组，针对我国地球科学整体发展战略定期开展研讨，并在 1998 年 5 月经地学部常委会审议通过了《中国地球科学发展战略的若干问题——从地学大国走向地学强国》

研究报告，报告不仅对我国地球科学相关学科的发展进行了全面系统的梳理和回顾，深入分析了面临的问题和挑战，而且提出了21世纪我国地球科学发展的战略和从"地学大国"走向"地学强国"的目标。

"21世纪是地学最激动人心的世纪"，正如国际地质科学联合会前主席Brett, R 在1996年预测的那样，随着现代基础科学和关键技术的突破，极大地推动了地球科学的发展，使得地球科学焕发出新的魅力。不仅使人类"上天、入地、下海"的梦想变为现实，而且诸如生命的起源、地球形成与演化等一些长期困扰科学家的问题极有可能得到答案，地球科学各个学科正以前所未有的速度发展。

为了更好地前瞻分析学科中长期发展趋势，提炼学科前沿的重大科学问题，探索学科的未来发展方向，自2010年开始，中国科学院学部在以往开展的学科发展战略研究的基础上，在一些领域和方向上重点部署了若干学科发展战略研究项目，持续深入地开展相关学科发展战略研究。根据总体要求，中国科学院地学部常委会先后研究部署了20余项战略研究项目，内容涉及大气、海洋、地质、地理、水文、地震、环境、土壤、矿产、油气、空间等多个领域，先后出版了《地球生物学》《海洋科学》《海岸海洋科学》《土壤生物学》《大气科学》《环境科学》《板块构造与大陆动力学》等学科发展战略研究报告。这些战略研究报告深刻分析了相关学科的发展态势和发展现状，提出了相应学科领域未来发展的若干重大科学问题，规划了相应学科未来十年的优先发展领域和发展布局，取得了较好的研究成果。

为了进一步加强学科发展战略研究工作，2012年8月，中国科学院地学部十五届常委会二次会议决定，成立由傅伯杰、焦念志、穆穆、杨元喜、翟明国、刘丛强、周忠和等7位院士组成的地学部学术工作研究小组，在地学部常委会领导下，小组定期开展学科研讨，系统梳理学科发展战略研究成果，推动地球科学的研究和发展。根据地学部常委会的工作安排，自2013年起，在继续出版学科发展战略研究报告的同时，每年从常委会自主部署的学科发展战略项目中选择1~2个关注地球科学学科前沿的战略研究成果，以"地球科学学科前沿丛书"形式公开出版。这些公开出版的学科战略研究报告，重点聚焦于一些蓬勃发展的前沿领域，从21世纪国际地球科学发展的大背景和大趋势出发，从我国地球科学发展的国家战略需求着眼，深刻洞察国际上本学科发展的特点与前沿趋势，特别关注相应学科领域和其他学科领域的交叉融合，规划提出学科发展的前沿方向和我国相应学科跨越发展的布局建议，有力推动未来我国相应学科的深入发展。截至 2016 年年底，《土壤生物学前沿》《大气科学和全球气候变化研究进展与前沿》《矿产资源形成之谜与需求挑战》等"地球科学学科前沿丛书"已正式出版，及时将国际最新学科发展前沿态势介绍给国内同行，为国内地球科学研究人员跟踪国际同行研究进展提供了学习和交流平台，得到了地球科学界的一致好评。

2016 年 8 月，在十六届常委会二次会议上，新一届地学部常委会为继续秉承地学部各届常委会的优良传统，持续关注地球科学的发展前沿，进一步加强对地球科学学科发展战略系统研究，成立了由焦念志、陈发虎、陈晓非、龚健雅、刘丛强、沈树忠 6 位院士组成的学科发展战略工作研究小组和由郭正堂、崔鹏、舒德干、万卫星、王会军、郑永飞 6 位院士组成的论坛与期刊工作研究小组。两个小组积极开展工作，在学科调研和成果出版方面做出了大量贡献。

地学部常委会期望通过地球科学家们的不断努力，通过学科发展战略研究，对我国地球科学未来 10~20 年的创新发展方向起到引领作用，推动我国地球科学相关领域跻身于国际前列。同时期望"地球科学学科前沿丛书"的出版，对广大科技工作者触摸和了解科学前沿、认识和把握学科规律、传承和发展科学文化、促进和激发学科创新有所裨益，共同促进我国的科学发展和科技创新。

中国科学院地学部主任　傅伯杰

2017 年 1 月

前　言

　　若从 1995 年美国在其"国家空间天气战略计划"中定义空间天气算起，空间天气科学是一个年仅 20 多岁的新学科。它是在人类社会的发展越来越依赖于空间科技发展的背景下诞生的，由于关系人类的知识体系从"地球实验室"向"空间实验室"拓展，关系应对空间天气灾害、增强卫星应用能力、开拓和平利用空间战略经济新领域，以及关系国家空间安全，因此，它一问世就受到技术发达国家的政治家、军事家，以及工业界和科技界的高度关注。美国率先于 1995 年提出国家空间天气十年战略计划，其后英国、法国、德国、俄罗斯、日本、加拿大、澳大利亚等十几个国家相继制订了相关国家计划，联合国、世界气象组织和国际空间研究委员会也先后制订了空间天气协调计划、研究计划和认识空间天气、保护人类社会发展路线图等，空间天气科学迅速成为一门新兴的前沿交叉科学及关乎人类生存与发展安全的战略科学。2016 年 10 月 13 日，美国总统奥巴马发布总统令《各部委大力协同，提高国家应对空间天气事件的能力》，展示了美国把发展空间天气作为国家决策的一种国家行为的高度重视。中国也于 2016 年先后在国家"十三五"规划中列入了以空间天气为主题的重大基础设施项目和军民融合专项。未来 10 年，中国的空间天气科学将进入一个向世界先进国家跨越的黄金发展时期。

　　有效和平利用空间是关系国家发展全局和长远利益的一个重大战略方向，人类太空行走才短短 50 多年，航天、信息等已成为支柱性产业，人类进入信息化时代，实现了经济全球化，让地球变成一个"村"，深刻地改变了人类的生产与生活方式。现今，人类社会正面临能源、环境等问题的严峻挑战，开拓和平利用空间战略经济新领域，如空间太阳能发电、空间飞艇通信、空间新导航、空间制造、空间"高铁"、空间采矿与空间环保等，将为人类社会可持续发展带来新亮点、新领域、新方向。

在人类社会已开始进入向空间要经济社会可持续发展的新时代面前，由于一切空间技术系统都是在一定的空间天气环境下运行并发挥其功能的，空间天气科学自然成为服务有效利用空间如影随形的科学，它直接关系其安全性和有效性，甚至决定其成败。从服务和平利用空间这个视角来探讨空间天气科学的发展战略，无论是对提升空间天气科学的创新能力，还是对促进科学与技术的结合、科技与经济的融合，从而助力开拓和平利用空间战略经济新领域都将有重要意义。

"空间天气科学服务和平利用空间"战略研究咨询项目由中国科学院地学部部署，于2013年4月立项，基本完成于2015年12月，批准结题于2016年2月。该项目先后于各地召开十余次研讨会，并通过多种方式调研，先后有十余位院士和40多位一线专家参加战略研究的有关咨询评议和起草工作，并以多次全国性空间天气科学研讨会、国家自然科学基金委员会地球科学部"日地空间环境与空间天气"优先发展领域扩大会议等方式广泛征求意见，形成该战略研究报告。借此机会，我谨代表项目组向中国科学院地学部领导和中国科学院学部工作局的同志在项目执行期给予的关心和帮助表示衷心感激。

本书无论是对于想了解空间天气科学，还是渴望申请与从事有关研究的研究生、科技人员和管理专家都将是有所帮助的。

魏奉思

2017 年 12 月

摘　　要

1957 年 10 月 4 日，世界上第一颗人造地球卫星上天，宣告人类进入空间时代。半个多世纪以来，空间科技的发展极大地扩展了人类对自然和自身的认知，深刻地改变了人类的生存与发展方式，正在为建设更加美好的地球家园带来新前景。在人类社会越来越依赖空间科技发展的时代背景下，空间物理学进入了一个与人类空间活动需求密切结合的多学科交叉发展的新阶段，于世纪之交催生出一门新兴的前沿交叉学科——空间天气科学（Space Weather Science）。

空间天气系指太阳大气、行星际空间、地球磁层、电离层和中高层大气中能影响天基、地基技术系统的运行与效能发挥，以及危害人类生命与健康的条件或状态变化。研究空间天气的科学经过 20 多年来的发展，已迅速成为一门关系开拓人类新知识体系的多学科交叉的新兴交叉科学，以及关系人类生存与发展安全的战略科学。

和平利用空间的广度和深度正成为创新型空间强国的一个重要标志，是关系我国经济社会可持续发展的一个重大战略方向，如开拓向空间要新能源、新通信、新交通、新制造、新环保等空间战略经济新领域。由于一切空间技术与活动都在一定的空间天气环境中进行，空间天气科学自然成为服务和平利用空间如影随形的科学。加强空间天气科学服务和平利用空间，将提升其安全性、有效性，从而更充分地发挥其对我国经济社会的助推作用。本书就是从服务和平利用空间这个视角来研讨空间天气科学的发展战略，以期对我国经济社会发展和国家安全做出新的重要贡献。

我国空间天气科学正处在从跟踪模仿向自主创新、引领发展跨越的历史机遇期，我们必须在战略上把握学科发展规律，提出学科发展新思路，引领学科跨入国际一流的发展行列。

一、科学意义与战略价值

（一）空间天气科学是一门新兴的前沿交叉科学

1. 开拓新的知识体系

空间天气科学研究的是地球上无法模拟的高真空、高温、高辐射、高电导率、复杂电磁场、微重力等特殊环境中的等离子体、带电粒子、磁流体和中性大气多种物质形态的运动、相互作用与变化规律。它涉及能量跨越太阳大气、行星际空间、地球磁层、电离层和中高层大气 5 个物理性质不同区域的传输、转换和耗散的大尺度流体力学问题，也涉及粒子加速、波的激发、磁重联、波-粒相互作用、非线性激变过程和不同尺度耦合等作为物理学基本问题的中小尺度过程的研究。它把人类的知识体系从"地球实验室"向"空间实验室"拓展，从而大大开拓了人类新的知识体系。正如美国国家航空航天局（NASA）战略计划（2006—2016 年）中所指出的，"这些知识不但代表了这个时代伟大的学术成就，而且能为将来利用和探索空间提供背景知识和预报能力"。

2. 催生学科交叉新领域

空间天气科学不仅直接推动着空间科学有关学科领域（如太阳物理、行星物理、月球科学和空间等离子体物理等）的发展，更推动了空间科学与大气科学、海洋科学、地球科学、材料科学、生命科学等大科学交叉，正孕育和催生一批学科交叉新领域，如辐射电子学、辐射生物学、高速飞行器与空间环境相互作用、高精度定轨、高精度测绘、地表激变过程（如地震、海啸、火山等）的空间天气效应等。

3. 促进空间技术发展

空间天气科学不仅要求卫星在辐射带、地磁异常区、电离层闪烁高发区等恶劣的条件下运行，还需要卫星到太阳附近、到整个太阳系深空去发现新现象，获取新知识。它不仅要发展多种物理量的高精度测量和新成像技术，更要求发展轨道技术、遥测遥控技术、防辐射技术、小卫星星座技术和长寿命、小型化、智能化等航天新技术。它不仅引领新的探测技术发展，还推动航天技术登上新台阶。

（二）空间天气科学是一门关系国家空间安全的科学

1. 军事空间天气学问世

所有进入空间的军事技术系统的轨道、姿态、通信、导航、定位、跟踪、材料、电子器件、星上计算机、太阳能电池和航天员健康等都会受到空间天气的影响。我国碰到的实例之一是在2001年4月1日美军侦察机撞毁我军战斗机后的搜寻期，4月3日正值太阳风暴吹袭地球，造成无线电通信中断近3小时，给当时的搜救工作和安全形势分析造成了很大困扰。

因此，专门研究空间天气影响军事技术与活动的军事空间天气学应运而生。

2. 空间天气关系现代战争的精确作战

最有代表性的例子是空间天气影响导弹一类精确打击武器的发射窗口、轨道、姿态、制导、引爆高度和电子设备等，从而对其打击精度产生重要影响。据报道，伊拉克战争中的精确打击武器40%未命中目标，主要源于空间天气的影响。

3. 空间天气直接关系空天一体的信息化作战保障

空间天气影响电磁空间与网络空间有关信息的获取、传输与安全，直接关系空天攻防的联合作战指挥的信息化水平和快速反应能力等。美国军方称空间天气是"军力倍增器"。

（三）空间天气科学是一门关系经济社会发展的科学

1989年3月的一次空间灾害性天气事件引起强磁暴（Dst = -589纳特），"太阳峰年"卫星提前陨落，大约6000个空间目标跟踪丢失，低纬无线电通信几乎完全中断，轮船、飞机的导航系统失灵，卫星磁法控制姿态发生困难，星上指令系统受干扰甚至失效或永久损坏，加拿大魁北克输电系统被烧坏，导致600万居民停电9小时之久的境况，航天员和高空飞机乘客遭受危险辐射剂量等。这次事件震惊了国际社会，它警示人们，地球上除了有地震、海啸、飓风和火山爆发这些地球灾害外，人类还必须应对这种非传统的空间天气灾害。美国白宫科技政策办公室（2012年）指出，"它是关系全球经济社会发展的重要议题"。

1. 应对空间天气灾害

预计未来10年我国拥有卫星近200颗，卫星故障中40%来自空间天气，卫星失败也时有发生。空间天气已进入保险市场，仅欧洲 1997～2000 年 4 年的保险损失就达 30 亿美元。有效应对空间天气灾害、保护航天巨大资产直接关系经济社会的平稳运行。

2. 充分发挥卫星资源服务功能，增强卫星应用能力

加强空间天气研究服务航天技术系统和航天活动，有助于增强空间站、北斗、通信、遥感、气象等卫星的应用能力，更充分地发挥卫星资源服务经济社会发展的支撑作用，关系提升航天产业的产出/投入比。

3. 服务开拓和平利用空间战略经济新领域

如开拓向空间要新能源、新通信、新交通、新制造、新采矿、新环保等空间战略经济新领域，需要空间天气科学来提升其安全性、有效性；如卫星太阳能电池遇一次强的空间天气事件，其寿命可减少 7 年，这严重影响了空间太阳能发电卫星的安全性与有效性。

鉴于空间天气科学关乎人类社会的生存与发展安全，早在《国家中长期科学和技术发展规划纲要（2006—2020 年）》中就将其作为"太阳活动对地球环境和灾害的影响及其预报"列为基础研究科学前沿问题之一。近 10 年来，我国实施了一系列重大空间工程任务，无论是载人航天、探月工程、北斗导航等，还是国家安全的有关领域，我国空间天气科学都积极发挥了其应有的安全保障作用。

我国已成为世界空间大国，在空间天气研究领域，也正在成为世界上实力较强的国家之一。可以预期，通过强有力的国家行为来发展空间天气科学，未来 10 年，中国的空间天气科学将跨入世界先进国家之列，对中国乃至世界的空间科技进步、经济社会发展和空间安全都将做出重要贡献。

二、发展规律与研究特点

（一）发展历程

空间天气科学是一个只有 20 多年发展史的新兴交叉学科，它大体经历了从国家行为到国际行为两个发展阶段。若以 1995 年美国在其国家空间天气战略计划中首次提出将空间天气定义作为空间天气科学开始为标志，其后英国、法国、德国、日本、俄罗斯、加拿大、澳大利亚等世界技术发达国家相继制订空间天气起步计划，并共同制订实施国际与太阳同在计划（International Living with a Star，ILWS），空间天气研究迅速成为各主要技术发达国家的一种国家行为。近10年来，联合国制订空间天气起步计划，世界气象组织成立空间天气协调组，美国制订第二个国家空间天气十年计划，欧洲空间局制订空间态势计划，国际空间研究委员会（COSPAR）和国际与太阳同在计划小组共同制订"认识空间天气、保护人类社会"路线图等，空间天气科学已成为国际科技活动的热点之一。可以看出，社会需求牵引是贯穿空间天气科学这两个发展阶段的主线。

（二）驱动力

空间天气科学迅速成为国际科技活动热点之一的驱动力主要来自如下三方面。

1. 关系应对空间天气灾害

例如，空间灾害性天气常使卫星失效乃至陨落，通信受干扰乃至中断，导航定位和跟踪失误，电力系统损坏，宇航员健康和生命受到危害等。正如美国国家航空航天局根据美国总统令制订的新的十年战略计划（2006—2016年）中特别指出的，"空间天气对人类的危害越来越明显，因此认识并降低空间天气对人类的危害效应迫在眉睫"。

2. 关系国家安全

通过阿富汗、伊拉克等局地高技术战争，人们认识到空间是无国界的第四疆域，在没有空间安全就没有领土、领海和领空安全的今天，现代高技术战争的一切军事技术和活动领域都受空间天气的影响，无论是构建海、陆、空、天、网、电多维一体化保障体系，还是临近空间的开发应用、海洋权益、电磁安全、远洋安全及夺取信息化优势等，美国军方称若缺失空间天气信息，花几千亿美元构建的海、陆、空、天无缝隙保障体系将不能发挥其应有作用。

3. 关系经济社会可持续发展

例如，向下看地球，建设地球美好家园，有效利用空间，使航天、通信、导航成为重要的支柱产业，信息全球化使地球变成"村"；向上看宇宙，拓展人类认知空间，向空间要新能源、新交通等开拓人类社会发展新视野。所有这些都关系到提升中国在政治、经济、外交、军事和科技等领域的影响力，等等。它们的安全性、有效性和创新性都需要空间天气科学提供先进的科学认知基础和支撑。

（三）发展规律

空间天气科学 20 多年来的发展历程向我们展示：社会需求牵引→创新科技能力→服务社会发展，如此循环前行是空间天气科学快速发展的基本规律。空间天气科学的提出始于应对 1989 年 3 月那次严重的空间天气灾害，其后美国等数十个技术发达国家相继制订了国家空间天气起步计划，若干国际空间组织制订了有关的国际研究计划，与此同时，联合国、世界气象组织等也启动有关的空间天气协调计划等。这些计划的实施为提升认知水平、保障经济社会平稳运行和空间安全服务发挥了重要的作用。现今新一轮社会新需求牵引→创新科技新能力→服务社会新发展的循环开始了，国际空间研究委员会和国际与太阳同在计划小组联合制订的"认识空间天气、保护人类社会"路线图的发布（2014 年 10 月 24 日）及美国国家科学技术委员会制订国家空间天气战略与行动计划（2015 年 10 月）等就是它的主要标志。

（四）学科研究特点

1. 以实验观测为基础

空间天气科学以地基观测为基础、以天基观测为主导，空间探测技术的每一次突破都给空间天气科学的发展带来飞跃。例如，日冕物质抛射（CME）、行星际磁云、磁重联、磁亚暴、电离层四波结构等都是由观测不断进步带来的新认知。

2. 以多学科交叉为特色

空间天气科学以空间物理学为基础，与太阳物理、地球物理、大气物理、等离子体物理及信息科学、材料科学和生命科学等多个学科交叉，又与空间技术和空间应用密切结合。学科的交叉不仅丰富了人类的知识，而且还牵引和推动着航天技术和空间应用的发展。

3. 以复合型人才为脊梁

空间天气科学是多学科交叉，同时又与空间工程、空间应用紧密联系的科学，由这三部分组成的复合型人才是学科发展的脊梁。人才培养难度大、周期长，需要国家长期稳定的支持。

4. 以服务社会为己任

应对空间天气灾害、保障空间活动的安全性和有效性，以及服务和平利用空间、助力开拓空间战略经济新领域都是空间天气科学发展的神圣使命和发展驱动力。

5. 以国家行为是根本

空间天气科学不仅因为它的学科研究特点，更因为它关系航天、通信、导航、电力、资源勘探、人类健康与生命、国家安全等国家的全局和长远发展利益的诸多部门，需要国家组织多部门、多学科协同攻关，实施有关空间天气的国家计划方能事半功倍。这正如美国白宫组织商务部、国防部、内务部、能源部、交通部、外交部、国家航空航天局和国家科学基金会八大部委联合实施国家空间天气战略计划的成功经验所展示的那样。

由空间天气科学的发展规律和研究特点及中国国情所决定，我国空间天气研究的资助模式是分散的、多元化的，在国家层面上主要有国家自然科学基金委员会的基金项目、国家重点基础研究发展计划（973 计划）、国家高技术研究发展计划（863 计划）、国家重大科学工程、国家重大航天工程、国家公益性行业科研专项等。希望国家在新的财政科技计划层面设立空间天气专项，这将有利于空间天气科学前沿、探测技术创新与服务国家需求进行全链路设计理念的实现。

三、发展现状与发展态势

空间天气科学不是一个单纯的科学认知或灾害问题，而是一个与人类经济社会发展和国家安全息息相关的新兴科技领域，迅速成为技术发达国家的政治家、军事家，及工业界和科技界关注的问题之一。分析它的发展现状和发展态势，将有利于把握该学科的发展方向，提出我们的发展思路。

（一）空间天气研究已成为国际科技活动热点之一

1. 世界范围诸多国家相继制订空间天气起步计划

从 1995 年美国白宫批准六大部委（国家航空航天局、国防部、商务部、内政部、能源部、国家科学基金会）联合实施的第一个国家空间天气战略计划（1995—2005 年）开始，欧洲空间局、法国、德国、英国、俄罗斯、加拿大、日本等相继制订了空间天气起步计划。无论是美国、欧洲等技术发达国家和地区还是联合国、世界气象组织、国际空间研究委员会，都积极制订了一系列空间天气的协调计划，它们的目的是建立有空间天气知识和保障能力的社会。

2. 规模宏大的国际空间天气计划相继提出和实施

随着空间科技的进步和对空间天气重要性认识的提升，人们关注空间天气的视野开始向广度和深度延伸。例如，由美国国家航空航天局牵头，组织世界众多技术发达国家参加的国际与太阳同在计划是一个"由应用驱动、聚焦空间天气"的研究计划，规模空前宏大，将在环绕太阳四周和整个日地系统配置20 余颗卫星，其中太阳探针卫星将于 2018 年左右发射到太阳近前 9 个太阳半径处去看太阳，这将具有里程碑的意义。此外，还实施了一系列空间探测计划向太阳系的火星、金星、水星、土星、木星等深空进军，载人登月又成为诸多国家新的竞争舞台。空间天气探测、研究与预报也从日地系统扩展到整个太阳系，为"开辟人类在太阳系中的新疆界"保驾护航。

（二）人类远没有做好准备来应对严重空间灾害性天气事件的发生

1. 空间灾害性天气事件的发生是一种突发性的低概率、高影响的非传统自然灾害，人类关于它的预报能力还十分有限

1989 年 3 月发生的严重的空间灾害性天气事件，近 20 多年来已发生 20 多次。若遇更为猛烈的超强太阳风暴吹袭地球（磁暴指数 Dst < −1500 纳特），可能给人类带来大灾难。但是目前还无法提前准确地预测太阳风暴的时间和强度，主要原因来自如下两个方面：监测能力有限，特别是对太阳和行星际过程的监测能力还处于起步阶段；人们对日地系统空间天气变化的多时空尺度耦合的非线性过程认识处于起步阶段，它的进展主要取决于探测与研究能力的进步。为此，《自然》于 2012 年发表评论，呼吁人类要"做好空间天气风暴到来的准备"。也有科学家于 2012 年在 *Space Weather* 上发文，估计未来 10 年发生超强太阳风暴的概率是 12%。

2. 空间天气科学方兴未艾

空间天气科学正在蓬勃发展，其科学内涵及其对人类社会可持续发展的重要性正在不断被认识。什么是空间天气科学？目前的认识如下。

空间天气科学是一门新兴的交叉学科。它以空间物理为学科基础，与太阳物理、地球物理、大气物理、等离子体物理等多学科交叉综合，聚焦监测、研究、建模、预报日地空间乃至太阳系中突发性的条件变化、基本过程、变化规律，探索空间天气变化奥秘，把人类的知识体系从"地球实验室"向"空间实验室"拓展。

空间天气科学也是一门关乎人类生存、发展安全的新兴战略科学。它与航空航天技术、通信导航技术、跟踪定位技术、电子技术、光电技术、成像技术等多种工程技术紧密结合，了解其对天基、地基技术系统、人类健康与生命的危害效应，旨在减轻或避免空间天气灾害、保障人类空间活动安全、助力开拓有效和平利用空间的战略经济新领域。

（三）空间天气科学惠及一切人、一切事的时代开始了

1. 空间天气科学助推经济社会发展的"助推器"作用已日益显示

第一，它为空间活动"保驾护航"，减轻或规避空间天气灾害的能力将作为人类社会生存与发展需要的一种基本能力迅速实现国际化；第二，它也将更深入地融入社会生活的诸多方面，如人们的出行、通信、金融、商贸、环境监测、抢险救灾、资源勘探、油气输运、远洋作业、电力安全等；第三，它还将助力开拓和平利用空间的战略经济新领域，如空间新型通信平台、空间新能源、新交通、新材料、新医药、新育种等，为人类社会的可持续发展开拓一片新天地。

2. 空间天气科学倍增国家空间安全的"倍增器"作用将日益突显

历次局地高科技战争的实践表明，空间天气影响一切军事技术系统和军事活动，如影响军事信息系统、精确的跟踪定位、精确打击和拦截武器的精确性等。它是海、陆、空、天、网、电多维一体保障体系的重要组成单元，特别关系到电子战、信息战的成败。对它的研究已发展成为一门新兴的军事空间天气学。

3. 空间天气科学加速科技进步的"加速器"作用将日益被认知

新一轮的科技革命将是一次以新生物学革命领头，也包括一次新物理学革命，地球和空间科学将做出重要贡献。空间天气科学在把人类的知识体系从"地球实验室"向"空间实验室"拓展，无论是在创新人类的知识体系方面还是在带动空间技术发展方面，其作用无疑是十分重要的。

（四）我国空间天气科学的进步

中国空间天气科学经过近 20 年的快速发展，正处在向一流先进国家跨越的历史机遇期，主要表现在以下方面。

1. 天基观测起步

我国地球空间双星探测计划（以下简称双星计划）与欧洲空间局星簇计划联合团队获得国际宇航科学院（IAA）2010 年度的杰出团队成就奖（The Laurels Team Achievement Award），诸如哈勃望远镜、航天飞机、空间站等也先后位列其中。

2. 地基观测开始步入国际先进行列

国家重大科技基础设施项目"东半球空间环境地基综合监测子午链"（简称子午工程）已建成投入观测。国际科学界高度评价它"无论是对中国的科学还是国际的科学都将是很重要的"，它"雄心勃勃""影响深远""令人震撼"。

3. 原始创新能力处于科学前沿

例如，我国科学家在磁重联研究方面的工作在《自然》《科学》《物理评论快报》已有多篇文章发表，有的工作被评为位列欧洲 Cluster 卫星五大科学成果；已有 6 个实验室的研究水平正在逼近国际一流实验室水平等。

4. 国际合作开始牵头发挥引领作用

我国以子午工程为基础，牵头组织沿 120° E 和 60° W 环绕地球一圈的国家和地区实施国际空间天气子午圈计划，获国际科学界高度评价。

（五）发展面临的主要问题

从空间天气科学发展的技术层面分析，主要问题如下。

1. 独立自主的卫星监测能力落后

中国至今尚无专门的空间天气系列卫星计划；有效载荷研发水平与国际水平有较大差距，种类单一、精度较低、标定手段缺乏等；中国的空间天气探测、研究与预报依据的卫星资料主要依赖国外；等等。

2. 专业人才不足

实验、探测技术人才紧缺，特别是有效载荷研发和空间天气效应分析的专业人才更是十分短缺。

四、发展思路与发展方向

（一）学科发展总体目标

力争用 10 年左右的时间，实现我国空间天气科学研究进入世界一流先进国家之列的跨越发展，主要包括如下 6 个方面。①建设有中国特色的空间天气、天地一体化的监测体系，力求在监测的概念、原理、技术、方法及多学科交叉的组合与布局上有重要创新；②构建以中国科学家工作为主线的日地系统空间天气变化过程的理论体系，在科学前沿取得有重要原始创新意义的突破；③提升空间天气事件的集成建模与预报的科学化、规范化、信息化和智能化水平，为应对空间天气灾害、保障空间活动安全做出重要贡献；④在空间天气科学与应用服务领域建设 3~5 个有重要国际影响力的实验室、人才基地；⑤增强空间天气科学服务国家和平利用空间新需求及助力开拓战略经济新领域的能力，为提供经济社会发展新增量做出积极贡献；⑥牵头实施有关空间天气的国际计划，提升中国的国际影响力，尽一份中国科学家应有的担当与责任。

（二）关键科学问题

为了实现空间天气科学的发展目标，需要突破的关键科学问题如下。①把太阳日冕、过渡区、色球、光球和光球之下的对流层作为一个耦合系统，来研究耀斑、高能粒子与日冕等离子体物质抛射的形成机理及其相互关联；②太阳观测数据驱动的日冕物质抛射过程、日地行星际传输过程及太阳系中传播的整体行为的数值建模研究；③行星际太阳风暴能量注入地球空间系统的传输、转换与耗散的路线图，以及所引起的地球空间天气响应全景图；④地球的陆地、海洋、低层大气过程如何影响地球的中高层大气与电离层天气过程，以及中国上空空间环境的局地行为与全球行为的关系；⑤聚焦于控制空间天气事件全过程的基本物理过程，如磁重联扩散区物理及其磁重联系统整体行为研究，以及太阳高能粒子的太阳源区、经由行星际空间传输及其进入地球空间系统的全过程研究等。

（三）重要研究方向

从分析空间天气科学前沿发展的方向看，应优先资助的重要研究方向如下。①发展高时空分辨率、多波段的太阳活动观测，把太阳活动放在太阳大气耦合系统中研究其发生、发展和释放的全过程，揭示空间天气驱动源之谜；②描绘日球空间天气图，发展以观测数据驱动、综合基本物理过程在内的日冕物质抛射过程、行星际空间传输过程及和地球空间系统、太阳系行星大气相互作用过程的数值建模；③描绘太阳风暴吹袭地球时地球系统空间天气响应的全景图，发展日地系统空间天气事件全链路集成的数值预报模式；④把太阳、行星际、地球磁层、电离层、大气层（热层、临近空间和低层大气）及陆地和海洋作为一个大耦合系统来了解地球天气/气候与空间天气/气候间的关系；⑤鼓励开展有关空间天气的天基、地基探测新概念、新原理、新技术与新方法的探索研究；⑥加强空间天气科学服务有效和平利用空间的融合研究，充分发挥卫星资源服务功能，助力向空间要新能源、新通信、新交通、新制造、新采矿、新环保、新医疗、新教育等开拓空间战略经济新领域的研究。

（四）发展思路

把创新驱动发展理念落实到用"四个驱动轮"来承载学科发展的快车，提出基本的发展思路如下。①大力提高空间天气的天基、地基探测技术水平，从跟踪模仿向自主原创跨越，建设有中国创新特色的空间天气、天地一体化的观测体系，通过探测概念、原理、方法的技术创新去驱动；②聚焦空间天气科学重大前沿的自主原创，勇于夺取对学科发展有国际重大影响的成果，通过强化亮点研究方向的多学科协同创新去驱动；③加大发展空间天气科学与服务国家和平利用空间相结合的力度，把保护航天巨大资产、提升卫星应用能力、服务和平利用空间、充分发挥卫星资源服务功能作为首要任务，通过创新科技、服务发展的融合创新去驱动；④置我国的空间天气科学于国际合作与竞争的架构中去实现跨越式发展，通过积极牵头和参加空间天气科学领域国际计划的合作创新去驱动。

（五）三步走发展战略

1. 夯实发展基础阶段

2020年前，在天基能力建设方面，能发射我国第一颗空间天气卫星，用于监测研究和预报太阳爆发活动，如太阳风暴之耀斑、高能粒子事件和日冕物质抛射事件及其对地球空间的影响；在地基能力建设方面，子午工程二期进入实施和建设阶段；在空间天气科学前沿方面，牵头组织实施国际空间天气预报研究计划，通过国际合作创新，进一步提升我国空间天气研究在全球的影响，夯实进入世界一流先进国家的发展基础。

2. 实现跨越阶段

2025 年前实现我国跨入国际一流先进国家之列的目标。在天基方面能发射 5～8 颗小卫星，初步形成对地球的空间系统、空间天气三维全景图的监测能力，地基监测能力实现高时间、空间分辨率的井字形 9 天区、多模态的监测能力，在几个特别关注的重要观测区域实现空间天气前沿，空间探测技术和空间应用服务取得全面发展；空间天气科学前沿形成一批有重要影响的创新团队，建立一批以中国科学家自主原创为主体的重要科学前沿的理论系统。

3. 发挥引领作用阶段

2030 年前使中国成为引领国际空间天气科学发展、服务全球和平利用空间事业、向空间要经济社会可持续发展的空间天气科学强国。

（六）存在的问题

从国家体制上讲，空间天气科学早已成为技术发达国家的一种国家行为，然而我国空间天气科学尚未进入这种境界，因而也缺乏国家顶层的统筹协调发展计划，而是靠科学家个人和一些部门的分散努力去推进其发展。这是我国空间天气科学发展存在的根本体制问题。

五、资助机制与政策建议

（一）关于空间天气科学能力建设

建议一：在国家应用卫星序列中设立"空间天气卫星序列"，增强空间天气科学服务国家有效和平利用空间和国家空间安全新需求的能力。

建议二：加速立项和实施于"十二五"已纳入国家发展和改革委员会重大基础设施建设计划中的国家空间环境地基综合监测网（简称子午工程二期）建设计划。

（二）政策措施建议

（1）建议国家组织制订和实施以服务建设空间强国为目标的国家空间天气十年战略计划。

（2）国家明确空间天气科学的归口管理部委，统筹有关的发展计划，确立稳定的经费支持渠道。

（3）建议国家有关部委（如国家发展和改革委员会等）设立专门的和平利用空间处、室或委员会，统筹计划这一国家重大战略方向的发展，为经济社会的可持续发展开拓新领域、新途径。

Abstract

Space weather science is a new frontier inter-discipline, which originates from space physics and studies important elements of space environment (including neutral and charged particles, electric and magnetic fields, radiation, etc.) and their variations. Generally, the word "space weather" refers to conditions on the Sun and in the solar wind, magnetosphere, ionosphere, and thermosphere that can influence the performance and reliability of space-borne and ground-based technological systems and can endanger human life or health. The focus of space weather science is on those status and disastrous disturbances of space environment, which possibly cause important influences on space activities and space technology systems. For example, the miniaturization of electronic components on satellites makes them potentially more susceptible to damage by high-energy particles; The aircrafts flying over polar area over 10 kilometers have increased human risk to radiation exposure during severe space weather.

Space weather science not only directly advances the developments of space physics and space sciences, but also brings out the progress in relevant disciplines and high technology domain. It plays an important role in lifting overall capacity of science and technology of China, and implementing national innovation strategy.

Space weather science has three distinct features.

● Discipline crossing. Space weather science not only crosses with some basic disciplines (e.g., geophysics, solar physics, plasma physics, atmospheric physics, etc.), but also is related with some application disciplines (material science, aviation science, information science, etc.)

● Technology driving. The requirement of space weather science pull and drive the progress of relevant technology, in turn the developments of relevant technology advance space weather science.

- Application and serving. Since human society become more and more dependent on space infrastructure, we become increasingly more vulnerable to malfunctions in those space systems. The information of space weather can help mitigate and prevent the loss brought by space weather disastrous event. Currently, space weather science can provide more and more services in the domains of aviation, astronautics, communication, navigation, etc.

Its features of crossing and fundament determine that space weather researchers must have the knowledge of multi disciplines. For example, space weather researchers must have knowledge of satellite engineering so as to be able to provide useful information of space environment to satellite engineers and let them to specify the extent and types of protective measures that are to be designed into a system and to develop operating plans that minimize space weather effects.

Up to present, the space weather research has the following national funding sources.

- Natural Scientific Foundation of China, general project, key project, major project.

- Ministry of Science and Technology of China, National Key Basic Research Development Program and National High Technology Research (973 Program) and Development Program of China (863 Program), National Important Science Project.

- China Meteorological Administration, National public welfare industry research projects.

- China National Space Administration, Space missions (e.g., Double Star Program), construction of some key technical systems relevant to the development of scientific payloads.

- Chinese Academy of Sciences, space missions, Strategic Pilot Program in Space.

- Ministry of Education of China, National Key Construction Program of Ministry of Education.

In the past 50 years, space weather science has acquired remarkable scientific achievements, and simultaneously open a new application area, which makes an important contribution to social and economic developments. The current key question of space weather science is the global variations and influences of Sun-Earth system, which include the following issues:

- basic law of space weather process;
- modelization of space weather elements;
- prediction and warning of space weather events;
- analysis of space environment effects;
- countermeasures of space weather disaster.

Since human civilization is relying more and more on technology that is affected in some way by conditions in the space environment, the influences of space weather on human activities have been paid more and more attention. Today's human society depends on satellites for weather information, commercial television, communications, navigation, exploration, search and rescue, research, and national defense. The impact of satellite system failures is more far-reaching than ever before, and the trend will almost certainly continue at an increasing rate.

Along with the recent growth in attention to space weather in the world, some important space organizations or countries, such as USA, European Union and Japan, have started to conduct space science researches, establish monitoring system of space weather from the Sun to the Earth, developed space weather integrated models and attempted to realize regular and credible prediction of space weather. Currently in China, the discipline of space weather has almost a complete subdiscipline system and reaches the international advanced levels in some subdisciplines. However, the subdisciplines of space weather in China don't develop homogenously, and the overall levels do not reach first level in the world.

In light of the national development strategy and developing tendency of space weather science, we propose the following overarching goal of space weather science: enhance greatly the exploring ability of space, establish ground based and space synthetic observing platform of space weather, deepen the understanding of space environment, establish relative complete application model of space weather, lift the ability estimating space environment effect and space weather disaster, basically realize the prediction and warning of space weather over key regions, provide the ability to mitigate and prevent space weather disaster threatening national safety.

The overall idea about space weather development in China is as follows: through combinations of innovation achievements in frontier areas and application, basic theoretic research and experiments, international cooperation and self-dependent innovation, realize great-leap-forward development of space weather in China.

Space weather research is systematic, integrated, complicated and innovative. The acquisition of scientific achievements needs space and ground based observations, experiments in space, etc. Therefore, the space weather research often costs huge amount of funding. In addition, a stable funding source and long term financial support are also necessary. It is suggested to establish Major Research Plan for Space Weather so as to guarantee a stable financial support for basic research of space weather, space exploration and ground based observation.

In order to ensure and promote the rapid development of space weather science in China, we need also to enhance data sharing, openness of laboratory, international cooperation, etc. In administrative aspect, it is urgently needed to specify a governmental organization to manage space science, establish an expert committee, enact a long term development plan of space weather science, coordinate the efforts and resources from various sides, and promote the healthy, rapid stable development of space weather science.

目　录

第一章
空间天气科学的科学意义与战略价值

空间天气科学是一门发展中的新兴学科，学科具有鲜明的前沿性、创新性、挑战性、引领性。它开拓了新的知识体系，推进了空间相关学科发展和交叉学科的出现，极大地促进了空间相关领域高技术的发展。空间天气科学关系国家空间安全、经济社会发展，在国家创新驱动发展战略的进程中正发挥着越来越重要的作用。

第一节　空间天气科学是一门新兴的前沿交叉科学

一、开拓新的知识体系

空间天气科学的研究主要涉及日地空间中的太阳大气（日冕）、行星际（太阳风）、地球空间（磁层、电离层、中高层大气），研究空间环境中的等离子体、中性大气、电磁场、辐射等要素的分布和变化规律，并特别强调研究那些对人类空间活动及技术系统具有重要影响的空间环境状态和灾害性扰动。

空间天气科学中的基础研究是当前空间物理学的主要前沿，对我们认识客观世界具有巨大作用，并可大大丰富人类的知识宝库。空间天气科学涉及日地空间环境中诸多的物理性质，是地球上无法模拟的高真空、高温、高辐射、高电导率、复杂电磁场、微重力等特殊环境的空间区域，分别呈现为物理属性迥异的中性大气（中高层大气）、部分电离气体（电离层、太阳大气）、无碰撞等离子体（磁层、行星际）等成分，其间还弥漫着各种电磁场电磁波，存在多种宏观与微观非线性过程和激变过程，如日冕物质抛射的传输、激波传播、磁场重联、波的激发与加速、电离与复合、带电粒子与中性粒子的碰撞、大气波动

（重力波、潮汐、行星波等）、非线性激变过程和不同尺度耦合、不同空间层次的动力耦合等，这些都是日地空间物理学研究的基本问题，也是当代自然科学所面临的重要科学难题。了解和认识这些问题，将为建立和完善日地系统空间天气连锁变化过程的科学认知体系做出重大贡献，并为人类知识体系从"地球实验室"向"空间实验室"的拓展迈出关键一步，在地球科学与宇宙科学的衔接中具有实质意义，很值得在科学发展史上记下重重一笔。美国国家航空航天局战略计划（2006—2016年）中指出："这些知识不但代表了这个时代伟大的学术成就，而且能为将来利用和探索空间提供背景知识和预报能力。"

空间天气科学的发展依赖于空间环境探测，这一需求是当前航天领域发展的一个重要来源，对推进相关技术的不断进步具有重要作用。空间天气探测新需求包含有效载荷、卫星平台及飞行轨道等方面大量的新思路、新设计、新工艺，是航天技术原始创新的重要源泉，对航天和相关高技术产业的发展具有显著的牵引和带动作用。空间天气探测卫星在许多方面不同于常规应用卫星，其中，在轨道设计方面，多数空间探测卫星需要不同于常规应用卫星轨道的特殊设计要求；在卫星结构、热控方面，科学卫星已经突破了平台和载荷相对独立的概念，大量科学探测卫星的构型已形成了平台和载荷一体化的设计理念；在有效载荷技术方面，科学观测和探测需要得到在探测窗口、空间分辨率、灵敏度、时空基准方面超过前人的数据。通过设计和技术创新，几乎每一项空间天气科学卫星计划都是非重复性、非生产性的，包含大量的新思路、新设计，带动和牵引航天技术和相关高技术的发展。

空间天气科学研究还直接为各类空间工程与空间应用提供了各种保障，对空间环境要素的精确观测、描述（现报）和预测（预报），可以使不同空间应用的效率大大提高，功能大大增强。许多重要的国家基础设施，特别是航空、航天、通信、导航定位、能源、地质勘探等现代高技术系统，在空间天气灾害面前显得非常脆弱（Fisher，2009），恶劣的空间天气会给人类社会活动和经济带来巨大损失（图1-1）。无线电通信和卫星授时导航定位等高技术日益发展，现代高技术系统的高可靠、高精度、实时性的运行需求日益增强，亟须空间天气保障服务；长距离供电网络与油气管道等国家重大基础设施的规模日趋庞大，受灾害性空间天气的影响日益突出，亟须空间天气方面的安全保障；随着航天活动和空间资产与日俱增，亟须空间天气影响的应对技术、自主精确的空间天气模型和更准确的空间天气事件预报能力。在全球空间技术及应用蓬勃发展，空间事业蒸蒸日上的同时，亟须空间天气科学为和平利用空间服务。

图1-1　空间天气对各类技术系统的影响

（图片来自国家空间天气监测预警中心）

作为一门蓬勃发展的新生学科，空间天气科学广受关注。此外，空间天气科学涉及前沿科学和尖端技术，复杂空间活动需要广泛的国际合作，发展空间天气事业，对提升我国在国际社会和科技界的影响具有重大的积极作用。

二、推动交叉学科发展

作为一门快速发展和有望取得突破的学科，空间天气科学直接推动着空间科学有关学科领域（如太阳物理、行星物理、月球科学和空间等离子体物理等）的发展，更推动了空间科学与大气科学、海洋科学、地球科学、材料科学、生命科学等大科学交叉，正孕育和催生一批学科交叉新领域，如辐射电子学、辐射生物学、高速飞行器与空间环境相互作用、高精度定轨、高精度测绘、地表激变过程（如地震、海啸、火山等）的空间天气效应等。

空间天气科学不仅促进了空间物理学的跨越式发展，还通过特殊空间平台的环境保障作用带动了其他相关学科和高技术领域的进步，在提升国家整体科技实力、实现国家创新战略中具有重要作用。

　　苏联首颗人造卫星遨游太空，标志着人类的活动领域突破了地球大气层的限制；美国首艘人造飞船奔赴月球，人类得以进一步挣脱地球引力的束缚。经过半个多世纪的努力，人类的"足迹"已经遍及地球空间的各个角落，并逐步到达月球、火星与金星及其他行星，最近旅行者号正在冲出太阳系，飞向恒星际空间。对空间科学不同领域的探索和不断突破提升了人类认识客观世界的能力，由此得到的关于物质世界的认识远超过了人类以往数千年来所获有关知识的总和，极大地推进了空间科学及空间天气科学的相关知识领域的发展，新的概念不断涌现。空间探索是空间科学的出发点，有力地推动了空间科学的飞跃发展。几十年来，人类探索空间的脚步从未停止。我国发射了神舟系列飞船和天宫一号空间实验室，实现了中国载人航天和驻留太空之梦；我国月球探测器——嫦娥系列，实现了"成功绕月""软着陆"等预定目标，获取了大量科学数据和高分辨率全月球影像图，成功开展了多项拓展性实验。美国等国家也正在进行月球返回、火星等深空探测任务，让太空成为人类第二家园是和平利用空间的终极梦想。空间探索是和平利用空间的出发点，探索空间离不开了解空间、掌握空间。与人类探索海洋过程中始终面临海洋环境和天气的影响一样，对太空的探测经常会受到恶劣空间天气的影响及其带来的危害，大力开展空间天气科学研究，发展空间天气观测和预报业务，建立空间天气基准，提高响应与恢复能力，将为人类正在进行的深空探索提供强有力的保障，进而推进空间物理学科新的发展。

　　人类在空间探索领域取得的巨大成就，在促进空间环境和空间物理学研究不断取得重大突破的同时，还开拓了空间天文学（宇宙学、行星科学等）、微重力科学（空间生命科学、空间材料科学）、空间地球科学等空间科学重要学科。

　　空间天气科学有效地推了动力天文学和宇宙学的发展。在空间探索宇宙，是天文学研究历史上继地面光学和射电望远镜之后的第三个里程碑。空间天文所牵引的探测技术产生了具有潜在重大意义的技术，如脉冲星导航，将牵引大量先进空间技术的发展，对于更加深入地认识空间环境起了重要作用。在空间开展天文和宇宙探测是利用宇宙实验室研究理解极端天体物理规律的一个不可或缺的重要手段。为了理解宇宙的演化和暗能量的性质，需要在空间建造大口径、高精度的望远镜。在空间探测暗物质和高能宇宙线的研究同时也能够精确测量地球周围的辐射环境，对于全面理解空间环境非常重要。空间天文和宇宙学探索是人类利用航天器和太空探测仪器研究、开发宇宙的科学实践活动，无疑需要规避空间天气灾害，保障相关探测活动的安全和效果。

空间科学及空间天气科学还有效地推动了微重力科学的发展。空间站等飞行器的轨道所在近地空间的特有环境具有地面上所不具备的特殊性，利用空间平台上微重力、强辐射、高真空等特殊环境，能有效开展空间环境下的辐射生物学、微重力生物学和亚磁生物学研究，此外还能有效开展微重力下的流体力学、燃烧学、材料科学等实验，进行地面上难以实现的一些应用开发。对于认识利用微重力、强辐射、高真空等特殊空间环境下材料和生物试剂制备、空间生命生长规律提供了地面实验室环境所无法比拟的条件，为单一亚磁因素及多因素耦合生物学效应（尤其是长期效应）研究提供了非常理想的实验基础条件。

各类人造卫星平台，极大地丰富了对地球系统的观测数据，包括空间测量、大气、海洋和遥感观测等在内的地球科学，也越来越密切地依赖空间天气科学的发展和进步。利用空间平台居高临下观测地球，可以更有效地研究地球大气、水、岩石、碳和生物圈系统。地球系统科学的发展，可极大地提高我们对地球环境和地球系统变化的整体认识水平，提高对天气、气候、地球环境变化和自然灾害的预报预测能力，减少或降低自然灾害对人类社会的影响。和地球对流层天气一样，空间环境也常常出现一些突发的空间天气变化，有时还是灾害性的，这会使卫星运行、通信、导航和电力系统遭到破坏，影响天基和地基高技术系统的正常运行和可靠性，危及人类的健康和生命，进而造成多方面的社会经济损失甚至威胁到国家安全。

三、促进空间技术发展

空间天气科学不仅引领发展新的探测技术，推动航天技术跃上新台阶，还推动了地面高频通信、卫星通信以卫星定位导航等空间应用领域各项技术的飞速发展。

在 60～1000 千米高度的电离层能影响各波段无线电波的传播，从而影响与电波传播相关的空间信息系统。电离层作为重要的电波传播介质，使电波发生反射和折射，能维持地面长距离高频通信的信道特性，影响卫星定位导航的精度。电离层中存在的不均匀体能引起无线电波闪烁，降低卫星通信的质量，导致卫星导航定位信号的失锁。在空间天气事件过程中，电离层电子密度分布发生畸变、电离层闪烁增强，将导致通信与定位导航的误差增加和系统性能降低（图 1-2）。

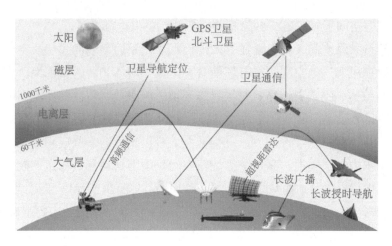

图1-2　电离层对无线电通信、导航定位应用的影响

　　为了认识地球空间环境及其空间天气效应，相继发射了大量的不同轨道探测器。这些探测活动，一方面，极大地推进了包括空间遥感（对地观测）在内的空间技术发展；另一方面，积累了宝贵的空间环境探测资料，形成了对空间天气特性和过程的初步认识。全球范围内，多个国家和地区相继构架了不同的全球卫星导航系统，如美国的 GPS 卫星导航系统、我国的北斗卫星导航系统、欧盟的伽利略卫星导航系统和俄罗斯全球卫星导航系统等，形成了多样的卫星通信及授时定位导航系统。以此为依托，各种规模的地基电波修正系统得以建立；不同中心发布的空间天气和电离层状态的实时或准实时信息，形成了消除或减弱空间应用系统空间天气效应的有效保障。

　　20 余年来，我国实施了载人航天、探月工程、双星计划、子午工程等国家计划，在空间环境探测研究与空间安全保障领域取得了长足进步。我国的空间科技整体水平得以迅速提升，培育了一支包括空间天气科学在内的空间科学领域的人才队伍；在飞行器、导航、测控等方面取得了众多关键技术的突破，有些领域已经进入世界前列，有效地推动了我国空间应用由实验应用型向业务服务型的转变。我国已经成为空间大国。

　　进入 21 世纪，我国与国际主要发达国家先后进行了太空探索新的部署，制订了将人类空间活动向深空进一步延伸的中长期发展计划。中国科学院空间科学先导专项一期的硬 X 射线调制望远镜卫星、暗物质粒子探测卫星、量子科学实验卫星、微重力卫星 4 颗空间科学卫星已进入了研制阶段，预期将陆续发射运行。这将是我国继双星计划之后的又一批科学卫星，将使我国步入具有真正意义上的空间科学研究计划的少数国家和地区之一，将有可能改变我国空间科学研究中强烈依赖国外获取科学数据的尴尬局面。

我国空间天气研究得到了蓬勃发展，正在成为世界上空间天气研究实力较强的国家之一。通过实施有关的空间探测计划，我国的空间环境保障能力将得以进一步地建设和发展，一些基于空间技术的产业初步形成，这是迈向空间强国的第一步。空间环境探测与研究不仅将大大提升我国空间安全的防卫能力和大国的影响力，其蕴含的空间资源还将在不久的未来给国家经济社会的发展带来巨大增量。

空间探索研究已经成为各个国家的优先发展高地，空间天气在国家发展与安全中的战略地位与作用也日益显现。尽管我国空间环境领域的发展与国际先进水平存在差距，比如，空间环境的探测能力还很薄弱，基于自主观测数据的原创性研究成果较少，我国空间环境安全的自主保障能力依然薄弱。

通过制订战略，采取强有力的国家行为，加速推进已列入国家计划的天基、地基探测计划的实施，争取国家层面的大力支持，提升空天一体化的空间监测能力，积极提出科学原始创新，开展在概念、原理和方法上有原始创新意义的空间天气环境探测装置、系统的研制，以及开拓新的探测方向和领域，增强国际合作，提升应对空间天气灾害、服务经济社会发展和保障空间安全的综合能力，开拓有效和平利用空间的新途径、新领域；在空间天气科学与应用领域，建设一批有重要国际影响力的实验室和一支有重要原始创新能力的一流人才队伍。有望在未来20年左右的时间，实现我国从空间大国向空间强国的跨越发展。

第二节　空间天气科学是一门关系国家空间安全的科学

一、军事空间天气学问世

空间天气科学在国防及信息安全保障中具有重要作用。所有进入空间的军事技术系统的轨道、姿态、通信、导航、定位、跟踪、材料、电子器件、星上计算机、太阳能电池和航天员健康等都受到空间天气的影响。继陆地、海洋、大气层之后，空间已成为现代国防必须涉足的第四疆域，其中，依赖空间天气科学服务和保障的空间飞行器、空间信息系统等将对战争的胜负起到关键作用。因此，专门研究空间天气影响军事技术与活动的军事空间天气学应运而生（李福林，2007）。

空间天气科学对我国及国际上和平利用空间的战略有重要的意义。空间天气科学关注外层空间的环境、状态和变化，以及对人类技术系统的影响，而和平利用空间中大量的空间观测、空间通信、空间能源开发等空间活动均发生在这一区间。与地面的天气现象一样，外层空间的各类"天气"变化，对在这一区域进行的空间活动会产生严重的影响。我国碰到的实例之一是在2001年4月1日美军侦察机撞毁我军战斗机后的搜寻期，4月3日正值太阳风暴吹袭地球，造成无线电通信中断近3小时，给当时的搜救工作和安全形势分析造成很大困扰。利用空间天气科学的研究成果，发展类似于地面天气预报的空间天气预报和服务系统，将是对国家安全的重要保障。

二、空间天气关系现代战争的精确作战

空间天气对军事上现有的各类通信、指挥、对抗、作战系统均有直接的影响，如果能够充分掌握空间天气科学的规律，有效利用各类空间天气现象和变化，对提升和改进现有军事装备作战能力将有显著效果，美军甚至提出空间天气是军事装备的"倍增器"。典型例子是空间天气影响导弹一类精确打击武器的发射窗口、轨道、姿态、制导、引爆高度和电子设备等，从而对其打击精度产生重要影响。

更为重要的是，充分利用空间天气科学的成果，通过人工方式改变空间天气状态和变化，可以有力地对军事装备系统产生有利或不利的影响，产生类似于"气象武器"的"空间天气武器"，能够严重地影响军事卫星安全、军事通信和导航的可靠性。有人甚至称未来的战争是空间物理学家的战争。因此，我们需要充分研究和及时掌握空间天气，在军事活动中主动掌握空间天气信息，形成有效的军事威慑力，维护太空安全。

三、空间天气直接关系空天一体的信息化作战保障

目前，国际上已将军事航天力量纳入武装力量的结构，其在局部战争的应

用日益普遍，并逐步成为信息化战争的主要力量。军事上的空间优势可与传统的陆、海、空优势相结合，产生巨大的增效作用。

空间技术对军事的作用主要体现在以下方面。空间支援：根据需要发射与部署航天器；力量增强：通过侦察、监视、目标瞄准、战术预警、攻击评价、通信、导航和环境监测，支持所有的军事活动；空间控制：对空间环境监视、威胁预警、对己方航天系统的防护和对敌方航天系统的干扰与破坏；力量运用：从太空对地球上的目标采取战略措施等。

与此相应的是，空间天气会对太空军事产生一系列影响，包括：高层大气对航天器轨道和寿命的影响；电离层对通信、导航与定位的影响；等离子体环境引起航天器表面充电；高能电子引起航天器内部充电；高能质子和重离子产生单粒子事件；空间碎片对航天器的危害（图 1-3）；空间光学现象对侦察和预警的影响；人工影响与控制电离层；人工局部改变空间环境状态；空间环境对太空目标监测的影响；地磁场变化对导航定位的影响；空间电磁干扰对军事活动的影响；空间环境对粒子束武器的影响；高空核爆炸的对卫星的影响；微流星体的影响。

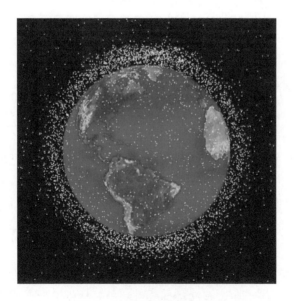

图1-3　地球空间碎片的分布

（图片来自国家空间天气监测预警中心）

空间天气影响电磁空间与网络空间有关信息的获取、传输与安全，这直接关系空天攻防联合作战指挥的信息化水平和快速反应能力等。

第三节　空间天气科学是一门关系经济社会发展的科学

空间技术的发展和应用，需要人类认识空间环境，进而掌握空间天气的变化规律，从而达到趋利避害的目的。早在 1959 年，联合国成立和平利用外层空间委员会，开始了对和平利用空间的关注。各国政府认识到基于空间技术、现场监测数据和可靠的地球空间信息对可持续发展决策、方案编制和项目运作的重要意义。随着人类空间活动的日益增多，开发与利用空间的规模加剧和程度加深，空间产业逐渐成为促进国民经济持续发展的重要支柱，并向各个行业渗透。

一、空间工程中的作用

在我国，空间天气科学服务于和平利用空间，在当前包括空间站、嫦娥登月、载人航天等重大空间工程，涉及相关的卫星、火箭等航天器等的设计、发射、在轨运行和返回再入等各个阶段的工作。空间天气对航天工程的影响包括轨道环境和辐射环境两个方面，按影响的来源主要分为空间带电粒子效应、高层大气密度影响和空间磁场影响三个方面。在各个阶段，均要评估空间天气对空间工程实施造成的影响，因此，保障空间工程的安全需要及时掌握空间天气变化的信息。

空间天气的实时情况和短期预报为发射任务提供了决定性的支撑。运载火箭并不是设计在所有可能的天气条件下运行，发射时间窗口应该选择在空间天气较为平静的时期，确保发射成功。因此，有足够提前的空间天气预测能力、准确的短期预报对确保航天发射安全至关重要，以便火箭会在一个安全的环境飞行。

一旦卫星发射升空并在轨运行，不管空间天气如何，卫星上的大部分设备都必须全天持续运行。在后台间歇性运行的设备如推进器，用于抵消卫星与预计轨道的自然漂移。同发射时一样，卫星运营者需要实时监测空间天气条件，确定环境是平静的还是扰动的，以便合理安排卫星运行来规避风险，这就需要持续监测空间环境，需要实时的空间天气数据。

　　大多卫星运行在地球高层大气、磁层和辐射带内。空间辐射环境是限制系统寿命的最重要因素。地球同步轨道（GEO）通信卫星在任务期承受的空间辐射剂量，需要高成本设计。卫星设计者需要获得准确的辐射带环境长期变化模型，过于高估将导致许多卫星采用昂贵的超标准设计；更小的退化量意味着可以使用更小和更便宜的太阳能电池，这样既节省了卫星重量，又压缩了成本。因此，辐射带模型的更新和完善是至关重要的一项工作。

　　在轨空间飞行器会受到空间天气的潜在影响，主要取决于轨道和飞行器设计。在相同的空间环境，不同的飞行器可能会产生不同的效应。与地面辐射环境不同，空间辐射环境粒子种类多、能谱范围宽。空间带电粒子可能引起深层充放电、表面充放电、辐射损伤和单粒子事件等效应，导致航天器关键部件和设备异常、失效，甚至损毁。其中，质子和重离子可引发单粒子效应导致卫星材料性能衰退；高能电子可穿透卫星屏蔽材料产生深层充放电效应；低能电子可积聚在卫星表面材料上，引起卫星表面充放电效应；强紫外辐射会造成航天器表面材料迅速老化，产生裂纹。各类高能粒子可以影响航天器设计寿命，可能对器件产生永久性损伤。提高空间环境预报水平，以及各类高能粒子在日地空间的运动规律研究，对于提高航天器设计水平意义重大。

　　空间辐射环境是复杂多变的，太阳粒子对卫星所必须承受的极端环境有重要影响。设计参数通常使用日平均值，一天总流量实测值很容易达到背景的1000倍。设计时需要关心这些强度的概率分布，必须有能力应对用户所期望能够不受事件影响或在事件发生情况下仍能坚持运行的需求。这会对系统产生不同的设计需求。高能粒子簇可能危及航天飞船装备并对宇航员产生辐射损伤。在地球低轨道会出现卫星操作的异常，甚至永久性的损伤。尽管卫星设计工程师尽了最大努力，卫星异常现象仍不断出现。判断异常现象是否由空间天气引起至关重要的一点是，正确重构卫星异常发生过程中的空间环境。大多数卫星并未搭载环境监测仪，异常调查人员需要依赖其他卫星的数据和能将观测位置的环境外推到发生异常卫星所在位置的模型。

　　在航天器运行轨道高度，稀薄的高层大气依然会对中低轨航天器产生气动阻力效应，这是造成航天器运行轨道衰变的关键因素。轨道大气受太阳辐照和暴时粒子注入影响较大，地磁暴发生后，轨道大气密度会显著增加。高层大气密度的剧烈变化引起在轨航天器飞行高度下降，导致使用寿命急剧缩短。地磁暴期间粒子的沉降增加了中低轨道飞行器的飞行阻力，太阳高能粒子可能损害航天器的太阳能电池和各种电子设备。大量原本分散的碎片将向低轨道聚集，与卫星碰撞的风险大大增加。因此,灾害性空间天气发生时,应采取相应措施,如关闭相应仪器等,中低轨道卫星还应注意调整轨道和姿态。

空间磁场的变化会引起在轨卫星磁力矩仪的控制误差,造成航天器姿态异常。某些较低精度要求的近地卫星使用地磁观测量来确定卫星三轴姿态,在恶劣的空间天气情况下,空间磁场的剧烈变化导致地磁方位指向基准出现大误差,此时,卫星姿态、卫星磁力矩器会工作异常,造成姿态失控。

1989年3月的一次空间灾害性天气事件引起强磁暴（Dst＝-589纳特）,"太阳峰年"卫星提前陨落,大约6000个空间目标跟踪丢失,低纬无线电通信几乎完全中断,轮船、飞机的导航系统失灵,卫星磁法控制姿态发生困难,星上指令系统受干扰甚至失效或永久损坏,加拿大魁北克输电系统被烧坏,使600万居民停电9小时之久,航天员和高空飞机乘客遭受危险辐射剂量等。这次事件震惊了国际社会,它警示人们,地球上除了有地震、海啸、飓风和火山爆发这些地球灾害外,人类还必须应对这种非传统的空间天气灾害。预计未来10年我国拥有卫星近200颗,卫星故障的40%来自空间天气,卫星失败也时有发生。有效应对空间天气灾害、保护航天巨大资产直接关系经济社会的平稳运行。

二、空间应用中的作用

空间应用包括临近空间、对地观测、无线通信、导航定位、南海远洋等。灾害性空间天气给各种空间应用系统带来了严重的负面影响,空间应用系统的正常运行迫切需要空间天气信息。加强空间天气研究服务航天技术系统,有助于空间站、北斗、通信、遥感、气象等卫星更有效地发挥对经济社会发展的支撑作用,关系提升航天产业的产出／投入比。

临近空间是各种航天器的通过区,也是飞行器的重要驻留区,已经成为空间应用的新领域。美国和俄罗斯等国正投入大量经费开展临近空间飞行器的技术和应用研究。临近空间飞行器发射升空、业务运行、信息处理和返航着陆等一系列活动都受到临近空间大气环境的影响。平流层飞艇的研制和应用需要高分辨率、高精度的对流层和平流层大气环境资料。在设计研制阶段,飞艇的囊体体积、抗风能力、浮力、推力、尾翼面积等总体参数需要根据大气环境特性数据计算;囊体材料的老化寿命、抗腐蚀能力等指标需要根据工作环境的臭氧浓度、紫外线辐射强度等分析确定;在飞行控制中,要根据空域内气象环境

（特别是风场）的变化特点，建立针对性控制策略，实现对推力系统、囊体压差、艇上能源利用的有效控制。

在临近空间大气飞行的高超声速飞行器，往往是带翼（或舵）的，需要借助与空气的相互作用来调整姿态、保证精度，其主要技术指标的确定和调整必须充分考虑实际的大气风场、温度和气压。各种大气参数的误差积累，将严重影响高超声速飞行器的性能指标。急流区边缘的强风切变和大气湍流可能导致高动态临近空间飞行器剧烈抖动，偏离预定轨道，甚至陨落。

遥感和导航定位授时是直接与民生相关的空间应用。电离层和中高层大气对电波传播、对地观测、导航定位、授时等均会产生影响。电离层和中高层大气的折射作用所致的卫星导航系统定位误差可达几十米甚至百米量级，并可导致对地观测尤其是高分辨率的对地观测，产生几何畸变。在电波传播过程中，由于电离层扰动会产生多路径效应，也可使测距误差增大。电离层闪烁会引起导航卫星信号的相位变化，导致卫星信号接收失锁，定位误差增大。航天器轨道测量一般是通过地面台站发射无线电信号至航天器再返回地面台站的过程。无线电波传播过程将穿越对流层、电离层，以及行星际等离子体区域，因此，需要考虑大气层的影响而对测量数据做出修正，为了得到更高的测量精度，需要发展更好的无线电波误差修正方法与模型。

卫星通信信号穿越大气层，大气层扰动也会影响穿越其信号的幅度、相位、极化，但不同频段信号受到的影响差别显著。空间天气中的电离层扰动对现代通信产生影响，电离层电子密度分布是通信中关键的环境参数。太阳风暴期间，电离层状态发生剧烈扰动，称为电离层暴。电离层暴影响无线电波在电离层中的传播，可能导致通信性能下降甚至中断，卫星导航定位误差增大、航天器测控信号失锁。太阳风暴期间，X射线等电磁辐射和高能粒子数量增大，底部电离层电子密度会突然增加，使得短波可用频带变窄。部分地区的电离层电子密度下降，最高可用频率也下降，同样导致可用频带变窄。当强烈的太阳耀斑发生时，随着辐射量的变化，电离层电子密度快速变化，使卫星信号幅度产生幅度闪烁、相位闪烁和极化闪烁等扰动。强太阳活动会导致极区高频无线电通信中断。在太阳高能质子事件期间，太阳会喷发出高能的质子和离子，这些质子轰击地球大气的电离层，会增加电离，进而影响无线电波的传播，极区的高频无线电特别容易受到干扰。当太阳爆发事件引起极区高频无线电剧烈衰退时，依赖于卫星通信的飞机必须转移到较低纬度的区域飞行。

三、空间资源开发中的作用

空间资源是空间环境中能够被人类开发利用，获得经济和其他效益的物质或非物质资源的总称。仅从地球引力作用范围这一很小的外太空领域来看，未来可供利用和开发的空间资源大致如下：航天器相对于地球表面的高远几何位置资源；能够推动宇宙飞船的太空电磁波资源、太空核聚变资源、太空反物质资源；高真空和微重力环境资源；太空太阳能资源；强宇宙粒子射线资源；月球及其他行星资源以及宇宙自由夸克资源、宇宙线资源、宇宙时空隧道资源等，这些资源都相当丰富并具有利用价值，其中任何一项开发都会给人类带来前所未有的巨大收益。当今时代，世界各国竞相发展航天力量，空间活动与日俱增。空间资源的开发利用不仅是引领和推动经济建设发展的强劲增长点，更是国家间战略对抗新的焦点和制高点。

以空间太阳能发电项目为例，空间收集太阳能并利用微波等形式传回地面的技术已经在美国、日本等国家持续进行。从长远来看，任何一个掌控太阳系空间资源的国家将掌控人类经济活动所需的大部分能源，从而在经济和相关领域占有先机。

航天器轨道飞行提供的高真空和微重力环境是一个宝库，为人们提供了地面上难以获得的科学实验环境和生产工艺条件，进行地面上难以进行的科学实验，生产地面上难以生产的材料、工业产品和药物。由于微重力科学具有重大的学术意义和应用价值，因而微重力科学前沿十分活跃。美国、俄罗斯、德国、法国、日本等国家投入了大量人力、物力及财力来推动微重力科学的发展。在宇宙空间，太阳光辐射强度比地面高出若干倍。科学研究已经发现，空间特殊的辐射环境将使种子、微生物及各种细胞等地球生物的遗传密码在排列上发生变化，可从中产生更有价值的新物质。

空间环境中蕴藏着极其丰富的资源，这些资源的探测和开发利用将会是人类文明的新进步。开发利用空间资源需要了解空间天气、掌握空间天气监测和预报技术。

四、技术系统的作用

已经有研究报道，空间天气灾害影响地面技术系统，主要集中在长距离输电系统及输油输气管道，此外还会对地质勘探、海洋通信等产生重要影响。

　　磁场的扰动是影响地面技术系统正常运行的重要因素之一。地磁场由源于地球内部的稳定磁场和源于地球外部的变化磁场组成。变化磁场起源于分布在地表以上的各种空间电流体系，主要位于电离层、磁层和行星际空间。强磁暴可造成电力系统瘫痪。太阳风到达地球的近地空间，引起地球磁场的剧烈变化，形成磁暴。根据电流体系及其磁场的时间变化特点，可将变化磁场区分为平静变化磁场和扰动磁场。其中，扰动磁场与人类生活密切相关，其影响体现在两方面：一是直接影响，如对磁测、定向钻孔和指南针等的使用；二是由地磁感应电流造成的间接影响，产生的感应电流导致输电线路的超载、油气管道的腐蚀、电报电话等通信质量的下降与中断等现象。

　　太阳风暴期间，地磁场的强烈变化会感应一个高达 20 伏 / 千米的地球表面电位，从而诱发地磁感应电流，导致电网保护装置误动作，损坏高压输电电网的变电设施，造成大面积供电中断，经济损失可高达数十亿美元。电网的规模越大，越容易受到磁暴攻击。随着我国"西电东送、全国联网"战略的实施，国家电网运行面临灾害性空间天气毁坏性影响的现实威胁。因此，建立空间天气、监测预警磁暴发生及演变过程，对于保障电网是十分必要的。

　　我国正在加紧建设的地面长距离输电网络在空间灾害面前可能面临巨大挑战，地磁场的强烈变化会在输电线、中性点接地变压器和大地回路中产生地磁感应电流（GIC），对电网及变压器、继电保护等设备运行有很大影响（Jonas and McCarron, 2015）。近年来的观测表明，除了高磁纬地区外，中、低纬度地区的日本、新西兰、南非等国家的电网，以及中国江苏、广东等地的电网也先后遭到地磁感应电流的严重侵袭。随着电力输送要求的进一步提高，"十二五"期间我国正逐步开始长距离特高压（1000 千伏以上）输电网络，这些基础设施受到空间灾害的影响更为严峻，因此，高压电网地磁感应电流监测系统的建设是十分必要和紧迫的。

　　除此之外，我国广泛建设的高铁系统、石油和天然气管道系统对于空间天气灾害的风险评估和控制，正成为我国上述系统建设中不能忽视的问题。到"十一五"末期，我国油气管线总长度已超过 8 万千米，"十二五"末期总长度超过 10 万千米。因此，建立地磁监测网，实时获取地磁感应电流信息，对于油气管线的运行监控、保证管线安全具有重要作用。

　　在长距离输电线路上产生的直流感生电流会使变压器产生所谓的"半波饱和"，产生很大的热量，使变压器受损甚至烧毁。快速扰动的地磁场可在石油、天然气等长距离管道内产生明显的感生电流。这时，管道中的流量表可产生不正确的流量信息，管道的侵蚀率也会明显增加，甚至造成泄漏，尤其是威胁长距离油气管线。

　　太阳风暴引起的地磁活动对地质勘探可以产生积极和消极的影响。绝大多数地质勘探必须在地磁场宁静时进行，这样才能得到真实的磁场图像。但有一些勘查倾向于在地磁暴期间进行，这时地下电流与正常时的差异会帮助勘测者找到石油或矿物。

　　高频、卫星和甚低频等无线通信是现代海洋通信的主要手段。高频通信作为一种远距离、低成本的通信手段，其信号传播主要依靠电离层的反射，具有抗毁能力强、设备简单可靠、便于部署等优势，能够有效适应海上常规和应急环境，可以为政府、军方、科研和经济等各行业海上用户提供话音和数据通信服务，是海洋通信中一种不可或缺的重要手段。海洋高频通信在海洋维权、海洋科学研究、海洋经济、远洋通信等方面发挥了重要作用。随着航天技术的迅速发展，基于卫星的海洋卫星通信技术也得到了快速发展，其中以国际海事卫星为主的民用通信卫星可以为一般航海用户提供全球范围内的通信服务，而各大国家发展了自己的军事通信卫星，也为海洋通信提供了重要手段。在国防安全中对甚低频通信的需求也越来越强烈，由于其有较好的水下通信能力，得到各海洋大国的高度重视。但是，上述高频、卫星和甚低频等通信手段均受到空间天气变化的影响，使海洋通信的效率和可靠性面临挑战。因此，利用空间天气科学研究的成果，发展海洋空间天气监测和预报水平，提升和保障海洋通信能力，对推进海洋信息化建设、建设海洋强国有重要意义，也是和平利用空间的重要举措。

　　在海洋通信和导航技术中，常用的短波、卫星等技术手段均受到空间天气中电离层天气的严重影响，例如，电离层的状态直接决定短波通信的可用频率，选择错误的频率将直接导致短波通信失败；电离层闪烁会导致卫星通信信号的畸变和中断，强烈的电离层闪烁会导致卫星通信系统遭受到数十分贝的增益损失；通过电离层底部进行发射传播是甚低频通信的主要基础，电离层底部高度的变化会改变甚低频信号传播的相位，而太阳耀斑导致的剧烈电离层扰动（Wan et al.，2005；Xiong et al.，2014）（图 1-4）可能直接导致甚低频信号能量的吸收、起伏甚至中断；电离层时延是无线电掩星及全球卫星导航系统（GNSS）定位最大的误差源，快速的电离层天气变化经常会使得 GNSS 卫星失锁而无法定位。我国南方及南海地区，均处在磁赤道电离层异常区域，其电离层环境变化复杂，电离层闪烁现象极其严重，该区域的电离层在全球范围内亦是对短波、卫星通信和导航定位系统的影响最严重的地区之一。为提升我国海洋活动的安全和效益，保障海洋通信和导航的准确性和可靠性，迫切需要提高对我国海域及重要区域的电离层天气的监测、分析和预报能力，提高针对短波通信、卫星通信和导航系统的电离层服务能力。

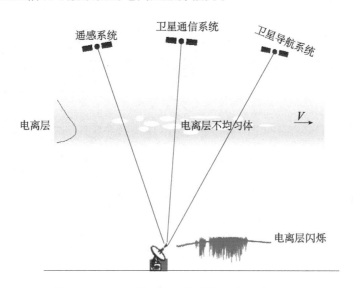

图1-4　电离层引起的卫星信号的闪烁现象示意图

　　空管系统通过数百个地面雷达对民航飞机进行指引和监控（即传统的陆基导航系统），基本上不受空间天气的影响，但是陆基导航系统存在安全性差、效率低、建站成本高等问题，阻碍了航空的现代化发展。早在10多年前，美国和欧洲就建立了广域导航增强系统进行星基导航，其特点是卫星导航、无人值守、建站成本低、不受地面条件限制。近年来，国际民航组织已经多次敦促中国发展星基导航。对于这种事关国家主权的事情，我国民用航空局正着手发展中国的星基导航系统。发展星基导航的一个技术核心问题就是要提供准确可靠的电离层修正模型。以无线电掩星及全球卫星导航系统为例，电离层是其最大的误差源，因此迫切需要准确地监测和预报电离层变化。

　　总的来说，近十几年来，我国迅速进入信息化时代，空间天气除了对传统的航天领域继续产生重大的危害外，对各类利用空间平台或穿过外层空间的无线通信、卫星导航等领域的危害和影响日渐突出，并且在石油管线、地面电网甚至长距离高铁网络等诸多方面产生越来越严重的影响。

　　鉴于空间天气科学关乎人类社会的生存与发展安全，早在《国家中长期科学和技术发展规划纲要（2006—2020 年）》中，空间天气就作为"太阳活动对地球环境和灾害的影响及其预报"被列为基础研究科学前沿问题之一。近 10 年来，我国实施了一系列重大空间工程任务，无论是载人航天、探月工程、北斗导航等，还是国家安全的有关领域，我国空间天气科学都积极发挥了其应有的安全保障作用。

我国已成为世界上的空间大国，在空间天气研究领域，也正在成为世界上实力较强的国家之一。可以预期，通过强有力的国家行为来发展空间天气科学，未来 10 年，中国的空间天气科学将对中国空间科技的进步、经济社会发展和国家安全做出重要贡献。

（刘立波　余　涛　毛　田　黄开明　方涵先）

本章参考文献

国家自然科学基金委员会，中国科学院 . 2012. 未来 10 年中国学科发展战略：空间科学 . 北京：科学出版社 .

李福林 . 2007. 军事空间天气学 . 北京：中国大百科全书出版社 .

中华人民共和国国务院 .2006-02-27. 国家中长期科学和技术发展规划纲要（2006—2020 年）. 人民日报，02.

Fisher G. 2009. Lessons from Aviation: Linking Space Weather Science to Decision Making. Space Weather, 7（3）：1-3.

Jonas S, McCarron E D. 2015. Recent U.S. Policy Developments Addressing the Effects of Geomagnetically Induced Currents. Space Weather, 13（11）：730-733.

Wan W, Liu L, Yuan H, et al. 2005. The GPS measured SITEC caused by the very intense solar flare on July 14, 2000. Adv. Space Res., 36：2465-2469.

Xiong B,Wan W,Ning B,et al. 2014. A statistic study of ionospheric solar flare activity indicator. Space Weather, 12：29-40.

第二章
空间天气科学的发展规律与研究特点

空间天气科学是把日地空间物理学与地面和空间技术的应用紧密结合在一起的学科，是伴随着航天技术的进步而迅速发展起来的一门新兴的交叉学科。人类空间探测技术的每一次进步都给空间天气科学的学科发展带来质的飞跃。本章将简要介绍空间天气学的发展规律和发展态势。

第一节 发 展 历 程

空间天气科学是以空间环境状态的特性与规律为研究对象的一门新兴学科。这里，借助于气象学中的"天气"概念，以"空间天气"（Space Weather）这一术语来表达日地空间（包括太阳大气、行星际空间、地球空间）环境的状态（有时也特别指地球空间环境，即磁层、电离层和中高层大气的状态）。"空间天气"一词最早见于 20 世纪 70 年代初美国空间物理学家 M. Dryer 博士撰写的《太阳活动观测和预报》的序言（也有人考证认为早在 20 世纪 50 年代就有类似提法），但直到 1995 年，美国国家航空航天局等机构联合制订了国家空间天气战略计划（OFCM，1995），才使得空间天气的概念为业内和大众所广泛接受。

在美国国家空间天气战略计划中，空间天气被定义为"太阳表面、太阳风、磁层、电离层、热层的状态，可影响到天基及地基技术系统的可靠运行，甚至危害人类的生活；空间环境的有害状态可中断卫星运行，危及通信、导航、电网等，引起巨大的社会和经济损失"。

空间天气是一个只有 20 多年发展史的新兴交叉学科，它大体经历了从国家行为到国际行为两个发展阶段。若以 1995 年美国在其国家空间天气战略计划中首次提出将空间天气定义作为空间天气科学开始的标志，其后英国、法国、德国、日本、俄罗斯、加拿大、澳大利亚等世界各技术发达国家相继制订空间天气起步计划，并共同制订、实施国际与太阳同在计划，空间天气研究迅速成为各主要技术发达国家的一种国家行为。近 10 年来，联合国制订空间天气起步计划，世界气象组织成立空间天气协调组，美国制订第二个国家空间天气十年计划，欧洲空间局制订空间态势计划，国际空间研究委员会和国际与太阳同在计划小组共同制订"认识空间天气、保护人类社会"路线图等，空间天气科学已成为国际科技活动热点之一。可以看出，社会需求牵引是贯穿空间天气科学的主线。

空间天气科学来源于传统的日地空间物理学，是空间物理学发展到一定阶段，将研究重点聚焦于与人类技术系统相关的空间环境状态之后催生的一门新学科。通过对涉及日地空间环境中的太阳表面、太阳风、磁层、电离层、热层等区域的实验观测、机理探索、模式建立、预测预报、效应分析，空间天气科学研究各个空间层次的独特行为与不同空间层次的相互耦合，重点研究由各空间层次所构成整体的系统行为；同时涉及日地空间环境中的等离子体、中性大气、电磁场、辐射等，研究各种要素的背景和扰动、分布和变化，重点研究各种要素的剧烈变化。当前，空间天气科学的研究重点是太阳风暴等灾害性空间环境扰动。

空间天气科学是一门面向应用的新兴基础性交叉前沿学科，具有鲜明的学科特点。学科交叉性是空间天气科学最明显的特点，它与众多的基础学科及应用学科交叉。空间天气科学的学科基础是空间物理学，与地球物理学、大气物理学、高空大气物理学、天文学、等离子体物理学等基础学科交叉，同时又与材料科学、信息科学、测绘科学等应用学科密切关联。就与基础学科的交叉而言，物理学中的力学、热学、光学、电磁学、热辐射学的基本物理规律是空间天气科学的基础，空间天气中会发生大量而复杂的光化学过程，以及化学成分的演化，存在复杂的能量转换耦合等物理过程。高空大气物理、电离层物理、磁层物理、行星际物理、太阳物理、等离子体物理等为空间天气提供基础学科支撑，并为空间天气科学提供服务。此外，空间天气科学走向应用的技术基础，涉及无线电、航天、通信、信息技术、计算机技术、军事和国防等技术学科，空间天气科学应用和服务通常与航天器安全与运行、无线通信、导航定位及国防军事科学中的技术系统相互结合，通过对上述技术系统的强化与增效，来体现与发挥空间天气的应用价值。

技术驱动性是空间天气科学的第二个特点，空间探测的需求驱动着相关技术的进步，空间天气科学的发展与人类空间探测技术的进步密切相关。人类对空间科学的研究开始于地基探测，对于太阳活动、极光、大气潮汐及地磁场的扰动等易于察觉现象的探测与研究，开始了在地面进行的观测研究。随后，利用气球、火箭进行了临近空间的探测。1957 年，第一颗人造卫星发射，标志着人类开辟了空间科学发展的新纪元。伴随着航天技术和空间探测技术的发展，空间科学得到迅速发展，空间天气科学也应运而生。人类的通信、航天等活动需要对空间天气的认识与服务保障。对材料、通信、计算机技术及航空航天技术越来越高的要求，驱动着空间天气探测技术的进步。

应用服务性是空间天气科学的又一个特点，空间天气科学的发展服务于人类的空间探测活动，对实施空天一体化有重要的战略意义。空间天气，特别是灾害性空间天气过程对人类生活和空间活动造成的威胁与危害是多方面的，伴随技术系统的进步与发展，这种危险日益严重。例如，1989 年是第 22 太阳活动周的太阳活动峰年，仅在 3 月太阳风暴就先后产生了 107 次太阳 X 射线耀斑，以及数十次强度不等的日冕物质抛射，导致高层大气密度发生剧烈扰动，航天器运行、导弹飞行的实际轨道严重偏离预测轨道，以致地面跟踪站会"丢失"跟踪目标。灾害性太阳活动触发的大磁暴引起了多起航天器运行故障，造成了多起通信故障或中断，多起电力系统故障，如历史上著名的魁北克事件（图 2-1）。掌握和利用空间天气，对于未来高技术战争乃至太空对抗同样重要。可以毫不夸张地说，"把脉"空间天气，不仅将服务于人类生活，也能制胜于未来战场。

图2-1　1989年3月13日发生的特大地磁暴造成加拿大魁北克电网大停电事故。60多条输电线路（变压器）保护跳闸，魁北克供电因此中断了9小时，数百万居民生活受到影响（OFCM，1995）

第二节　空间天气科学的学科发展驱动力

作为一门关系到空间天气灾害与应用密切相关的基础学科，空间天气科学的学科发展驱动力首先来自于航天工程、空间应用、国家安全等实际需求。同时，探索未知自然界的奥秘，推动空间科学的发展，也是空间天气科学发展的重要动力。

一、航天工程

1. 航天工程与空间天气的关系

航天工程是探索与开发利用空间环境及地外天体的综合性工程，相关的航天系统通常由航天器、航天运输系统、航天发射场、航天测控网、航天应用系统、航天回收系统等组成。

自 1957 年人类第一颗人造卫星发射成功以来，短短 60 多年，航天工程得到迅猛发展，现今已成为国民经济、国防建设、文化教育和科学研究发展不可或缺的重要手段，如通信传输、遥感图像、气象预报、导航定位、电视广播、环境监视、资源勘探、侦察预警、科学探索等都需要航天工程的支撑。随着空间科学、空间技术和空间应用的发展，航天工程的重要性日益突出。航天基础设施的稳定性和可靠性，直接关系着国民经济、国防与国家安全，也会带来重大的社会和政治影响。

航天工程的运行环境是空间，空间的物质状态及其变化，即空间天气必然会对航天工程的安全和可靠运行带来影响。

对航天器而言，空间存在大量的高能带电粒子和等离子体，对航天员和航天器的安全构成辐射和带电危险，不仅会导致太阳电池和温控材料的性能下降，还会导致航天电子产品异常、故障，甚至失效。美国调研了 1970～1997 年 259 颗卫星的 5033 次故障，在能确定原因的 3640 次故障中，空间天气引起的单粒子和充放电故障共有 1495 次。1994 年 1 月加拿大 Anik E1 和 E2 因空间天气导致卫星故障，修复费用花费了 7000 万美元，后期运行维护费用增加了 3000 万美元。卫星彻底失效的损失更大，如 1991 年 3 月 25 日通信卫星 MARECS-1 因空间天气导致太阳能电池损坏而失效。低轨航天器的大气环境虽然稀薄，但仍是轨道衰变的主因，当空间天气恶劣时，每天航天器轨道高度会有公里级衰减。频繁的空间天气扰动，可导致航天器过早陨落。1979 年美国空间实验室因轨道大气拖曳效应而过早陨落。

对航天运输系统，即火箭等运输器，其发射时会遇到高空切变风，严重时将直接导致发射任务失败。火箭上的电子器件也会受到宇宙线诱发的单粒子效应，造成程序走飞、虚假指令等异常。

对地面的测控网而言，航天器的遥测遥控等无线电信号穿越电离层，电离层突然骚扰、电离层暴和电离层闪烁等空间天气现象可造成信号失锁，导致星地联系中断。星地联络异常不仅会影响航天业务的稳定性，还会导致地面运行成本的增加。卫星异常也会使地面管理成本增加。据美国统计，地面系统每处理 1 次卫星异常花费 4300 美元，每颗卫星每年仅处理异常的花费约为 100 万美元。

对航天应用系统而言，航天雷达、预警、通信、导航等无线电业务受空间天气的影响较大，空间天气不仅会对无线电业务产品直接构成干扰，也会影响业务的稳定性，如空间天气扰动时民用单频导航定位精度大幅下降，甚至完全失效。

航天工程的发展，必须解决空间天气的适应性问题。航天员进入太空，登陆月球，甚至火星，必须考虑空间粒子辐射、等离子体等空间环境的威胁；航天材料、元器件、部组件或整星的系统层设计必须能够适应空间天气的影响；地面测控和业务应用系统，也需要根据空间天气情况合理地安排测控计划，采取必要的应急措施，将空间天气危害降为最小。

2. 航天工程对空间天气科学的需求

现今，航天工程已成为人类活动不可分割的重要组成部分，气象预报、资源勘探、环境监控、导航定位、通信网络、广播电视、军事侦察等都离不开航天的支持，航天安全已关系到国家经济、国防和社会生活的方方面面。开展空间天气服务，保障航天安全，已刻不容缓。

（1）航天安全的迫切需求。航天工程从论证阶段到发射、飞行的全过程均需要空间天气科学的支持。航天工程任务策划论证，需要对空间天气进行风险评估；航天元器件、材料和部组件的研制、选用和实验需要输入空间天气条件；航天产品、航天器设计和实验验证需要满足空间天气的适应性；航天器的发射和在轨飞行管理，需要空间天气的预报和现报保障；航天器故障分析处理，需要空间天气背景信息。空间天气的服务能力成为航天工程的重要基础能力之一。我国航天工程已进入业务化和实用化阶段，如导航、通信、气象等，航天工程的可靠性、安全性和稳定性迫切需要空间天气的支持。

（2）航天创新发展的需求。我国航天正在跨入业务应用阶段，业务应用推动航天技术向高精度、高可靠、长寿命方向发展，例如，北斗卫星的导航定位精度和运行稳定性要求越来越高，遥感卫星的定轨精度和姿态稳定性要求逐年增加，空间天气适应性设计和天地链路的干扰修正需求日益突出。同时，新技术、新材料、新器件也不断在航天上得到应用，这些新技术、新材料和新器件会带来新的空间天气问题，如器件的蚀刻工艺尺寸减小、集成度提高，导致新器件的耐空间单粒子效应能力显著下降，必须采取相应的措施。近些年，小型化、低成本、商业化成为航天发展的一个新方向，而空间天气影响不能回避，如何解决也是新的挑战。此外，新的航天工程任务会遇到新的空间天气问题。例如，美国预警卫星采用大椭圆轨道，频繁穿越地球辐射带，空间辐射问题突出；再如，载人登陆火星近 500 天的往返路程，需遭遇的宇宙射线辐射已威胁到航天员的生命安全。航天创新驱动发展也需要空间天气的支持。

二、空间应用

空间不仅仅和陆地、海洋、天空一样是人类生存的疆域，其自身也是人类生存和发展不可或缺的珍稀资源。人类可以利用空间平台居高临下地观测地球，获取全球整体观测数据，分析和研究地球系统。这一平台的优势是在地面上无法获得的。利用这一优势，人类可以系统地研究大气、水、岩石、冰雪和生物圈系统。例如，自气象卫星上天后，监测到了全部热带气旋／台风和飓风，为减灾防灾提供了重要的预警预报信息；臭氧层卫星传感器获取了臭氧洞和臭氧层演变的图像，极大地提高了人类对臭氧洞形成和臭氧层损耗机制的认识，这一科学认识不仅使研究者获得了 1995 年诺贝尔化学奖，还为制订国际臭氧层保护协议打下了坚实的科学基础。

空间应用主要包括三部分：第一，利用空间特殊环境（如微重力、强辐射、高真空、深冷、高洁净度等），开展各种科学实验，开辟认识和掌握物质世界基本规律的新途径，获得原创性的知识，并服务于人类现实生活与生产活动；第二，利用轨道高度资源及其上的各类空间飞行平台（如卫星、飞船、空间站等），进行对地观测和大地测量，以更大范围、整体性地监测地球系统大气、海洋、陆地及生态环境的变化，并开展卫星通信、导航定位等，为人类现实生活、生产活动与国防安全等提供快捷、可靠的保障与服务；第三，空间太阳能资源与临近空间资源的利用（如空间太阳能电站、临近空间飞行技术等），创新理念，驱动发展，切实保障国民经济和社会的可持续发展。显然，空间应用是我国开拓和利用空间资源、提升民众日常生活质量、促进社会可持续发展的重要途径。

我国目前在空间应用领域已逐步形成气象、海洋、陆地和灾害与环境监测对地观测体系，建立了较全的地面系统和行业、领域应用系统，这些系统与卫星导航系统、卫星通信系统等空间技术系统相互支撑，推动了我国空间应用由实验应用型向业务服务型的转变，在国民经济建设的各个领域逐步形成了支撑发展的能力。

在开展空间应用的过程中，空间天气信息是提高空间应用水平的重要因素。例如，空间天气效应的修正是提高空间大地测量精度的重要手段，将有助于解决空间飞行器、空间站交会对接中的精密定轨定位等关键问题，为载人航天、新一代卫星导航系统建设等多项重大标志型战略任务的顺利实施，提供了重要保障。实际上，空间天气科学的应用目标，就是减轻和避免空间灾害性天气对高科技技术系统所造成的昂贵损失，为航天、通信、导航、资源、电力、生态、医学、科研、宇航安全和国防等部门提供区域性和全球性的背景与时变的环境模式。美国从 1994 年年底提出国家空间天气战略计划以来，就将空间天气为国家和社会服务放在重要位置，强调空间天气观测、研究、预报服务和应用需求的紧密结合，多部门、多领域的广泛参与。国际科学联合会理事会所属日地物理学科学委员会制订的国际日地系统气候和天气计划（2004—2008）（Climate and Weather of the Sun-Earth System，2004—2008）的主要目标是为人类活动相关技术系统（依赖于空间天气）的可靠性、全球变化（气候和臭氧）、研究向应用的过渡和公众教育等提供科学输入（Lubken，2012）。

三、国家安全

空间天气直接影响国家安全的各个方面。在军事领域，为抢占 21 世纪的战略制高点，发达国家都在加紧筹备和组建"天军"。阿富汗、伊拉克等局地高技术战争表明，继陆、海、空三维战场之后，外层太空已成为名副其实的"第四维战场"。没有空间安全就没有领土、领海和领空安全。空间天气对战略导弹的地面系统、作战性能、微电子器件和飞行都有极大的影响；广泛应用于军事中的战术和战略目的的高频通信完全依赖于电离层天气；在电离层变化时超视距雷达性能会严重降低，尤其是高纬区预警雷达的功效极大地受制于极光活动；利用空间天气监测系统提供的信息，可以准确预测敌方利用空间天气实施军事活动的可能性，为我军组织防御提供安全有效的辅助决策。

四、探索未知知识

空间天气科学的研究对象是发生在日地空间的各种物理过程，特别是灾害性过程，并且更加关注其中太阳活动对地球空间和人类活动的影响，突出日地系统整体的联系。60 多年前，人们对地球外层大气和电离层都知之甚少，更不用说发生在广袤的日地空间的现象。1957 年人类发射了第一颗人造地球卫星，这使得人类可以触摸地球外面的太空。经过 60 多年的空间探测，人们对发生在日地空间的物理过程已有了一个基本的了解，但是未知的谜团仍然很多，继续吸引着人类不断地去探索。

目前，空间天气科学领域还面临着如下的基本问题：地球空间环境的基本状态及变化规律；地球空间环境对太阳爆发性活动的响应；太阳活动及空间天气过程的预报；灾害性空间天气的防护和应对措施；空间环境与中低层大气天气及气候过程的相互影响。

第三节　空间天气科学的人才培养特点

空间天气科学的基础性和交叉性决定了空间天气人才队伍是一支具备多个学科背景和知识的复合型人才队伍，培养难度大，周期长。为了推动我国空间天气科学的发展，必须建设一支知识全面、年龄结构合理、规模较大的空间天气研究队伍，这需要国家长期稳定的支持。

一、空间天气科学多学科交叉复合型人才

空间天气科学是对空间环境状态或扰动事件的监测、研究、建模、预报、效应分析、信息的传输与处理、对人类活动的影响及空间天气的开发利用和服务等方面的集成，是多种学科（太阳物理、空间物理、等离子体物理、大气物

理、地球物理等）与多种技术（信息技术、计算机技术和微电子技术等）的高度综合与交叉。所以，从事空间天气科学的专业人才都是多学科交叉的复合型人才。例如，空间天气源头——太阳活动的研究需要空间物理和太阳物理的复合型人才，中高层大气的研究需要空间物理和大气物理的复合型人才，电离层的研究需要空间物理和电波传播的复合型人才。

二、空间天气科学与（航天）工程复合型人才

航天工程的实施与空间天气具有密切的关系。灾害性空间天气必然会对航天工程的安全和可靠运行带来影响，所以从事航天工程的科技人员必须了解空间天气科学的知识，这也是航天工程师与普通工程师的主要区别。例如，从事卫星研制的技术人员必须了解单粒子效应、氧原子腐蚀、卫星充电等这些与空间天气有关的空间环境效应，并利用所掌握的空间天气知识对航天任务进行风险评估，以及开展航天元器件、材料和部组件的研制。从事航天测控的技术人员，也必须了解影响航天器的遥测遥控等无线电信号传输的突然电离层骚扰、电离层暴和电离层闪烁等空间天气现象，因为这些现象可造成信号失锁，星地联系短时中断。星地联络异常不仅会影响航天业务的稳定性，还会导致地面运行成本的增加。

目前，国内航天工程方面的人才主要集中在中国航天科技集团公司、中国航天科工集团公司、中国电子科技集团公司、中国科学院以及发射、测控和配套等单位。高等院校依据其具有的人才优势和学科优势，在发展学科、培养人才和探索前沿技术等方面对航天技术的发展发挥着不可替代的作用。

近年来，以重大工程项目和重大基础研究为载体，培养造就出一批航天领军人才，形成了一支结构合理、素质优良的航天人才队伍。以中国空间技术研究院实施的载人航天工程队伍为例，1992 年神舟飞船队伍的构成是一大批对卫星研制有着丰富经验的老专家带着为数不多的年轻人。而今，神舟飞船总指挥、总设计师系统平均年龄在 40 岁，副主任设计师以上的技术骨干平均年龄在 32 岁左右，年轻人担当起载人航天工程的主角。通过近 20 年载人航天任务的实施，打造了一支技术、作风过硬，纪律严明的载人航天团队，培养出一批技术和管理骨干，其中型号总指挥 2 人，总设计师 5 人，副总指挥 8 人，副总设计师 10 人，各级主任设计师、副主任设计师 80 多人，为载人航天后续任务的顺利实施提供了充足的人力资源储备。

三、空间天气科学和空间应用复合型人才

卫星定位导航、地球资源调查、空间大地测绘、天气与气象变化、生态环境普查等空间应用行业也与空间天气有着密切的关系。空间天气不仅会对这些行业与无线电信号传输有关的业务产品造成直接干扰，也会影响业务的稳定性。例如，空间天气扰动时民用单频导航定位精度大幅下降，甚至完全失效。所以，从事空间应用行业的技术人员也必须了解空间天气方面的信息，并利用掌握的空间天气知识来提高空间应用业务水平。

从事空间应用的单位主要集中在中国气象局、国家海洋局、国土资源部等部门和单位，及通信广播、导航定位的研发和运行服务单位。

此外，国内还有众多单位从事空间应用的基础研究。如中国科学院力学研究所、测量与地球物理研究所、大气物理研究所、遥感应用研究所、物理研究所、半导体研究所、工程热物理研究所，中国航天科技集团五院和八院，中国航空工业集团公司一院，中国航天员科研训练中心，清华大学，北京大学，中国科学技术大学，北京航空航天大学，武汉大学，中国人民解放军理工大学等高校。

第四节　空间天气科学的学科交叉状况

空间天气科学来源于空间物理学，同时涉及太阳物理、地球物理、等离子体物理、信息科学、材料科学等多个学科，又与空间技术和空间应用密切相关，是一门前沿与应用密切结合的多学科相互交叉的基础研究学科。空间天气科学的发展极大地促进了多学科的交叉和进步，丰富了人类的知识，完善了人类的宇宙观。

一、空间天气科学与等离子体物理学交叉

等离子体是由自由正负带电粒子组成的在宏观上呈电中性的一种气体，它是物质除固体、液体、气体以外的第四种基本形态。等离子体在宇宙中广泛存在，如恒星、行星际介质等都由等离子体组成，占据整个宇宙的99%。因而等离子体物理学已成为空间和天体物理研究的重要基础，等离子体中的基本物理

过程控制着空间和天体中的许多现象。此外，等离子体技术广泛用于多个重要科学、经济和国防领域。随着科学技术的发展，人们对等离子体的控制能力不断提高，等离子体研究领域和应用范围不断扩大，由此正在产生大量新的科学挑战和机遇。这些机遇和重要进展会进一步提升和扩大等离子体科学在经济发展、能源和环境、国家安全及科学知识等方面的作用。例如，国际热核实验反应堆（ITER）将第一次实现燃烧等离子体，使对聚变等离子体的研究进入一个新的领域，在科学上产生一系列新的发现。它还将在数百秒时间内持续产生相当高的热核聚变功率（500 兆瓦），这将是核聚变能走向商业化和平利用进程中关键的一步。在惯性约束核聚变研究方面，美国国家点火装置（NIF）已经于 2009 年 3 月建成。除了与武器物理密切相关，即将在其上进行的聚变点火实验和其他科学实验预期会对聚变能科学和基础科学等前沿研究产生极其深刻的影响。这种高能量激光及基于新激光技术（特别是啁啾脉冲放大技术）的超短脉冲高强度激光可以产生前所未有的高场强、高温、高压和高密度等离子体条件，即所谓的高能量密度条件，这为研究新型粒子加速、新型激光聚变并在实验室模拟某些天体物理现象提供了可能。低温等离子体技术和应用生产的新产品已进入我们生活的多个方面，开始悄悄地改变我们的日常生活方式，并广泛应用于高技术经济、传统工业改造和国家安全等领域。等离子体物理过程也与天体物理的各种现象密切相关。

从太阳大气到地球和各种行星的广阔空间环境乃至日球层中都充满着等离子体，尽管在不同的空间环境中等离子体的特性各不相同。例如，太阳大气和行星际空间充满着稀薄的等离子体，各种等离子体的物理过程往往受到行星际磁场的影响，同时它们又主要受太阳磁场的控制。地球磁层则基本上由完全电离的等离子体组成，其形态主要受地球磁场的支配，同时又受太阳活动的影响。电离层系由部分电离的等离子体组成，太阳辐射、地球磁场和引力场共同对它起作用。但是这些等离子体中的一个重要特征是带电粒子之间的长程作用力及其与电磁场的相互耦合决定着它们的动力学行为，同时它们动力学过程的发展速度往往大于体系趋于平衡态的速度，经典的碰撞效应可忽略不计，等离子体可看成是无碰撞的。这种非平衡态下的无碰撞等离子体可以激发各种不同类型的不稳定性并产生等离子体波动，并形成各种非线性的等离子体物理现象。一些基本的等离子体物理过程，可能是不同的空间环境中的一些宏观现象的共同起因，例如，磁场重联可能是导致太阳耀斑、日冕物质抛射、磁层亚暴等重要爆发现象的共同机制。同时，空间环境的各种宏观现象，例如，太阳爆发现象及它们引发的扰动在行星际、磁层和电离层的响应，都与空间等离子体中的基本物理过程密切相关。因此，从等离子体物理的角度出发来研究空间环境中的各种现象，探讨它们的物理起因，了解它们的物理本质，可以更好地预报空间环境中的各种灾害性天气事件。

空间天气科学中的很多现象都是由等离子体物理过程控制的，空间环境中的等离子体本身就是等离子体的一种存在形态，并且有着实验室等离子体达不到的一些特征，如经典的碰撞效应可忽略不计，等离子体可看成是无碰撞的。因此，对空间天气科学的研究促进和完善了等离子体物理的理论体系。此外，由于空间等离子体非常稀薄，对某些物理量的测量，如电子速度分布、卫星观测有其优势，可以更好地研究等离子体的物理过程。当然，对等离子体中物理过程的深入理解有助于我们更好地进行空间天气预报。

二、空间天气科学与太阳物理学交叉

太阳物理学是研究太阳的物理构造、内部和表面发生的物理过程及太阳整体演化的学科，是天文学的一个重要分支。太阳物理的研究内容主要包括：太阳磁场、太阳耀斑、太阳日冕物质抛射、太阳大气结构与动力学、太阳中长期变化等。太阳是与人类密切相关的恒星，是唯一可以同时进行高空间分辨率、高时间分辨率、高光谱分辨率和高偏振精度观测的恒星，它为我们提供了详细观测研究恒星磁场的复杂结构、恒星等离子体物理过程和各类电磁相互作用的独一无二的机会，对宇宙中恒星的形成与演化的研究具有不可替代的天体物理实验室的作用。关于太阳爆发机制、太阳磁场和太阳活动起源的研究，以及太阳大气动力学和行星及动力学现象的研究，推动了等离子体和磁流体力学的快速发展。由于空间天文和太阳物理卫星通常对卫星平台、轨道、姿态控制、载荷技术、地面应用系统等具有多方面的特殊要求，因此对航天高技术有很强的牵引和带动作用。

日地空间环境和地球高空大气结构，主要由太阳电磁波辐射和粒子辐射的性质决定。太阳爆发活动产生的强辐射和非热粒子对日地空间和地球高空大气产生的扰动，导致太阳质子事件、电离层骚扰、磁暴、平流层升温等现象，影响各种空间飞行器的轨道控制和运行安全、人造卫星寿命估计、卫星通信系统、地面导航、地面大型电力网、地物探矿、气象和水文预报等与国防和国民经济有关的重要系统，对地球人类的生产和生存环境都具有最重要的作用和影响，太阳物理与空间天文学受到世界各国的高度重视。因此，研究太阳电磁辐射和粒子流的特征，探讨各种太阳活动的发生、发展规律，并进行准确的预报，具有重要的意义。

太阳物理学的发展依赖于观测技术的不断进步，空间观测使人们摆脱了地球大气的束缚，可以在几乎全波段范围内观测来自天体的辐射，即使是在可见光波段，由于突破地球大气的干扰，空间分辨率可以空前地提高。同时，在空间中能够实现长时间连续不断的观测，为研究太阳的活动现象提供了根本保证。空间天气科学为空间探测设备提供了安全可靠的空间环境支持，为提供高质量的太阳观测数据提供了可靠的保证。另外，空间天气直接受太阳活动的影响，通过对太阳磁场、太阳耀斑、日冕物质抛射、高能粒子的加速和输运等方面的深入研究，理解各种太阳活动产生的辐射和粒子流的分布和演化规律，有助于理解空间天气的变化和突发性事件的发生条件，能够帮助我们准确预报灾害性空间天气，避免国民经济的重大损失。

三、空间天气科学与固体地球物理学交叉

固体地球物理学是用物理学的观点和方法研究固体地球的运动、物理状态、物质组成、作用力和各种物理过程的综合性学科。固体地球是相对于大气和海洋而言的。固体地球物理学有5个基础性学科，分别是重力和大地测量学、地震学、地磁学、地电学、地热学。此外，还有3个对固体地球做综合性和整体性研究的学科：大地构造物理学、地球内部物理学和地球动力学。重力和大地测量学是研究和测定地球形状、大小和地球重力场，以及测定地面点几何位置的学科；地磁学是阐明地球磁场的形态、成因和应用的一门学科，也是固体地球物理学同大气物理学或宇宙地球物理学之间的边缘学科；地电学是研究地球物质的电性变化和地内电流分布的一门学科；地热学是研究地球内部热源和温度分布，以及地球发展的热历史的一个学科。上述各学科基本上是根据某种地球物理场来划分的，各学科所用的方法和理论各成体系。地球物理学应用较广，涉及地质构造、石油勘探、矿床勘探、核爆监测、减灾防灾等领域。

空间物理学及空间天气科学与固体地球物理学侧重研究地球不同圈层的

物理过程。空间天气科学的基本科学目标是把太阳大气、行星际和地球的磁层、电离层和中高层大气作为一个有机系统，了解空间灾害性天气过程的变化规律。固体地球物理学的科学目标是利用地震波、重力场、地磁场和地电场等特征，研究地球内部物理，理解地球的演化过程。它们在地球系统中存在交叉点，地球内部过程驱动着磁层、电离层和中高层大气，太阳－磁层－电离层－大气层的过程在地球内部也有效应。

地磁场连接日地空间与地球内部，是空间天气科学和固体地球物理学共同关注的研究对象。太阳风与地磁场相互作用形成地球磁层，共同控制磁层的形态、结构及其动力学过程，也影响着电离层的物理性质。起源于地球外核的地球主磁场的长周期变化，如偶极子场衰减、磁极移动和非偶极子场的西向漂移等，引起了磁层和电离层的长周期变化。由于多圈层相互作用的复杂性，学术界对一些空间磁场显著的周期性变化机制的认识尚不完全清楚或存在很大争议。地球主磁场的变化对磁层/电离层的影响机理和效应有待深入研究。

重力场在空间等离子体的运动及电磁波动方面起着作用。地磁场强度的空间分布结构控制着辐射带高能粒子的运动，在南大西洋的磁异常区，辐射带高度的大幅度降低，磁场的倾角控制着辐射带的空间展布。电离层中大尺度电流由多种源驱动，如中性风、重力和等离子体压力梯度。近期的研究表明，重力场在夜侧电离层电流的形成过程中起着重要作用。此外，重力波会引起电离层的扰动。

磁层－电离层电流体系在地球内部产生感应电流，是地电学研究地球电性质的天然信号。磁暴、亚暴、日变化等地磁场扰动是由磁层－电离层电流体系产生的，在导电的地球内部感应出电流和电场，地电学利用地面或者卫星观测，反演地下电导率的结构和分布。

空间天气科学的一些电磁现象与地震前兆有关（图 2-2），可能被用于未来的地震预报领域。学者们报道，有些地震前存在电离层异常，但在震前电离层异常的成因方面的研究缺少理论基础，猜测地震区产生的垂直电场引起了电离层扰动或异常。此外早已发现，地震激发的大气重力波可以传播到电离层高度，引起电离层的同震扰动。深入研究电离层物理，对研究地震形成过程及地震电磁前兆机制提供了观测和理论基础。

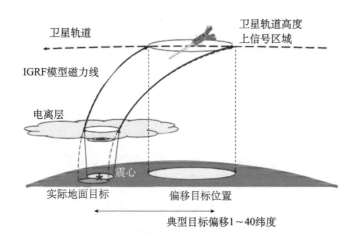

图2-2 地震激发的低频波向电离层传播到卫星（Quakesat）示意图

（引自美国 Quake 卫星网站 http：//www.quakefinder.com/research/pdf/QuakeFinderIWSE.pdf）

空间天气科学中的一个基础学科是空间等离子体物理，主要研究宇宙空间环境下等离子体的物理性质，其中，磁流体发电机的过程是太阳风－磁层－电离层耦合的关键机制。空间等离子体物理学的发展为研究和模拟地球外核磁流体发电机和地磁倒转的过程和机制提供了理论基础。

空间物理是大地电磁测深法的一个基础，空间天气科学的研究成果可应用到大地电磁测深中。大地电磁测深法以磁层和电离层产生的天然电磁信号为源，探测地壳内部和上地幔的良导电层，用于研究岩石圈的电性结构。在大地电磁测深中所观测到的天然瞬变电磁场是由不同频率的电磁场叠加而成的复杂电磁扰动，如磁暴和磁亚暴、地磁脉动。空间天气科学研究这些信号源的激发机制和演化特征，为大地电磁测深法的信号源认知提供了理论基础。

空间天气科学为空间技术在地球物理方面的研究和应用奠定了基础。空间探测已成为固体地球物理学的现代观测手段，例如，GPS 甚至空间技术在地球物理方面得到了广泛的应用。地球物理方面的卫星轨道位于电离层中，空间天气影响卫星的飞行环境，超级太阳风暴急剧增加辐射粒子通量，威胁卫星运转和寿命；电离层空间天气会影响 GPS 信号传输，增加接收的 GPS 信号噪声。对电离层的物理研究有助于提高 GPS 的精度，准确监测板块运动。

四、空间天气科学与大气物理学交叉

大气物理学（Atmospheric Physics）是研究地球和行星大气中发生的各种

现象和过程的物理机制和规律的科学，主要包括大气边界层物理学、云和降水物理学、雷达气象学、无线电气象学、大气热力学、大气声学、大气光学和大气辐射学、大气电学、平流层和中层大气物理学等分支学科。它既是大气科学的基础理论部分，又是环境科学的一个部分。

大气物理学与空间天气学作为研究地球两个相邻空间区域物理本质的科学，具有密切的联系。实际上作为大气物理学的一个分支学科，高层大气物理学（Aeronomy）的研究对象已经与空间天气中电离层、中高层大气和磁层天气有所重叠。电离层与低层大气的耦合过程主要有光化学、静电和电磁及动力学过程，这些过程之间是相互影响的。在对流层、平流层和中间层大气中，存在着丰富的波动现象。电离层和热层对这些波动具有明显的响应，如火山、台风、龙卷风、寒潮、地震、海啸、雷暴等在低层大气中产生的扰动能够以声重波的形式将能量和动量从低层向高层大气传播，并对电离层中的动力学过程产生明显影响。发生在地球大气中的闪电也能够产生哨声波，向上传播到磁层，并通过波粒相互作用，导致磁层辐射带的粒子沉降在大气。美国国家航空航天局的一个统计研究表明，地球上空闪电多发地区对应着地球磁层辐射带槽区。热层大气不仅受太阳活动的影响，存在与在太阳 11 年活动周相对应的周期性膨胀与收缩，而且还受地球磁暴和磁层亚暴的影响，出现一些短时间尺度的密度和温度变化。近来的研究还表明，中国梅雨带和低层大气环流边界也与太阳黑子活动有明显的相关性，这表明低层大气的气象现象也与太阳活动有联系。银河宇宙线和太阳宇宙线注入地球大气层，改变中低层大气状态，磁层沉降粒子首先沉降在极区，改变极区高层大气的特性。极区高层大气扰动，向中低纬方向传播，进而影响整个地球中高层大气特性。

大气物理学和空间天气学不仅存在现象之间的联系，发生在两个区域中的物理过程还有着本质上的共性。例如，发生在大气中的湍流与太阳风和磁层中的湍流，大气中由交换不稳定性产生的波动与磁尾等离子体片中由交换不稳定性产生的波动。所以，大气物理学和空间天气学可以相互促进，共同发展。

正是由于大气物理学和空间天气学之间的密切联系，国际上一些著名空间气象机构已经将空间天气预报作为其日常气象预报业务中的一部分。一个更加完整准确的气象预报需要将太阳、太阳风、磁层、电离层/中高层大气和低层大气作为一个完整体系来考虑。

五、空间天气科学与材料科学交叉

空间天气科学的迅猛发展与材料学科基础理论的重要突破和日新月异的先进材料技术是密不可分、相辅相成的。材料学科的发展和技术进步支撑了人类空间探索的宏伟蓝图由梦想走向现实并不断展开更加新的篇章，同时空间科学的发展又不断对材料科学提出新的课题和挑战，引领材料科学的基础研究和加工技术的重大突破与跨越式发展。目前，空间先进材料的研究和制备已经成为一个相对独立的新型学科并得以蓬勃发展，并且正在人类未来空间探索的进程中发挥着越来越关键的作用。

航天材料科学一直是材料科学中富有开拓性的一个分支。航天器本身就是一个由数量庞大的功能材料和部件构成的复杂系统，是机械、电子高度一体化的产品，它要求使用的是品种繁多、具有先进性能的结构材料和具有电、光、热及磁等多种性能的功能材料。航天材料需要经历超高真空、振动、微重力、冷热循环、辐射、等离子体等多种复杂特殊空间环境的考验，需要具备更高的可靠性和适应性，有的则因为空间容纳的限制，需要以最小的体积和质量实现与通常材料等效的功能。因此，从人类向太空迈出的第一步开始，材料的空间环境适应性实验即宣告开始。从此，材料学科迎来了一个崭新的课题，那就是空间特殊环境下新型功能材料的研发、应用和环境适应性评价。在这一战略需求的牵引下，各种新型材料的出现大大拓展了航天器的功能，为空间探索任务设计创造了新的可能性。例如，举世瞩目的暗物质探测计划中的关键仪器阿尔法磁谱仪（AMS）、强场永磁体、新型半导体材料和器件等多项材料学科发展的重大成果起着关键性作用。伴随着空间探索任务的拓展创新和空间技术的重大需求，新型空间功能材料的研制和开发应用正在飞速发展，新型高效的太阳能电池材料、多功能聚合物材料、空间低温超导材料、纳米防护涂层材料、柔性结构材料、空间仿生材料、新型智能材料、新一代半导体传感器材料、3D打印技术等，正在为空间探索和空间科学发展提供更多技术上的可能性和自由度。

另外，空间作为一个超高真空、微重力、超洁净等的特殊环境，又为特殊材料的生长和研究提供了一个天然的实验平台。因此，空间环境下先进材料的制备研究及应用又成为空间科学的一个独立分支而得到迅猛发展。从材料生成机理看，空间材料可分为晶体生长和金属、复合材料制备两类；按材料的性能用途，它可分为包括半导体、超导、磁性和光纤等在内的功能性材料，包括合金、金属、泡沫多孔及复合材料等在内的结构材料，以及陶瓷、玻璃材料等几类。在航天器上利用空间微重力条件进行材料科学研究和实验，已取得了很大进展。在空间失重环境中，对流、沉积、浮力、静压力等现象都已消失，而另外一些物理现象却显现出来。例如，液体的表面张力使液体在不和其他物体接触时，紧紧抱成一团，在空中悬浮；液体和其他物体接触时，液体在物体表面能无限制地自由延展。太空毛细现象加剧了液体的浸润性，气体泡沫能均匀地分布在液体中，不同密度的液体可均匀混合。通过大量的研究实验，我们不仅清楚地认识了这些在微重力环境下产生的物理现象及产生这些物理现象的机制，而且也进一步了解了地球重力环境限制材料加工的各种因素。利用这些在微重力环境下特殊的空间物理现象和过程，人类已实验了空间焊接、铸造、无容器悬浮冶炼等工艺，冶炼出高熔点金属，制造出了具有特殊性能的各种合金、半导体晶体、复合材料和光学玻璃等新材料。

第五节　空间天气科学的成果转移

空间天气科学研究的这一新的前沿领域是在航天技术应用飞速发展、人类对高技术系统的依赖性日益增长的社会需求背景下产生的。空间天气科学的发展将使我们在最大程度上得以避免和减轻空间灾害给人类社会生活和高技术系统带来的危害及损失。空间天气科学 20 多年来的发展历程向我们展示，社会需求牵引→创新科技能力→服务社会需求，如此循环前行是空间天气科学快速发展的基本规律。空间天气科学的研究成果在保障经济社会平稳运行和空间安全方面都起着重要作用。

一、空间环境预报

日地空间环境是陆地、大气和海洋之外人类生存的第四环境，其范围通常指地面几十千米高度直至太阳表面的广大宇宙区域，空间环境中充满着各种形态的物质，包括带电粒子、中性气体、电离气体、等离子体和各种尺度的流星体及空间碎片，以及电场、引力场、磁场和各种波长的电磁辐射，还有小行星、行星和彗星等。空间环境在太阳活动和行星际扰动影响下发生的剧烈变化，对航天活动、地面技术系统和人类生存有着严重的危害。为了减轻或避免因空间环境导致的灾害，保障航天活动的安全、空间开发利用的顺利进行及保护人类生存环境，就需要对空间天气过程，特别是灾害性空间环境扰动事件进行预报。准确预报空间环境是积极防御空间环境灾难的有力手段。

虽然在预报的统计方法和基本原理上，空间环境预报与天气预报、海洋预报基本是一样的，但是空间环境条件与地球大气、海洋的条件完全不同，这使预报工作的内容和难度也很不相同，最大的差别是监测条件。空间环境预报是实验科学，它是建立在大量的观测数据基础上的，不仅对空间环境的判断需要观测结果，预报的结论也需要加以论证。观测与测量工具的改进，常常能给科学的发展创造极为有利的条件。长期的地磁研究和电离层探测记录的磁扰可分为两类：一类是偶发性的，另一类是重现性的。重现性磁扰呈现 27 天周期，和太阳赤道附近的自转周期大致相符，这说明与日面上的大黑子群等光学活动似乎没有对应关系，人们推测这种重现性磁扰发源于太阳上某些固定的特殊区域。1932 年，巴特尔斯把这些假想区域定名为 M 区。太阳的外层大气不断向行星际空间发出太阳风，观测表明，以 27 天周期重现的磁扰和高速太阳风有密切的对应关系。1950 年，瑞士天文学家瓦尔德迈尔首先从地面上观测到冕洞，1967 年以后的空间观测证实了冕洞的存在，而高速太阳风源就是冕洞。1976 年，希利等分析了 1973～1976 年冕洞和磁扰的资料，证明二者之间有密切的相关性。

1957 年第一颗人造卫星的升空，标志着人类空间时代的开始，同时也开启了空间探测时代。在 20 世纪 50 年代中后期和 60 年代初期，国际上相继组织了两次大规模联合的太阳活动和地球物理现象的观测与合作研究，时间持续数年之久，分别为国际地球物理年（IGY）和国际宁静太阳年（IQSY），在太阳爆发对地球空间环境的影响方面有了一定的知识积累，总结出了同时效应与迟至效应两类。同时效应是指与观测到的太阳爆发几乎同时发生的地球物理现象，是由太阳爆发的电磁辐射引起的；迟至效应是太阳爆发的粒子发射导致地球空间环境扰动的现象。20 世纪 60 年代和 70 年代的大量空间观测与空间研究，对空间环境的认识起了很重要的作用。特别应提及的是第一个载人天文台"天空实验室"（Skylab）的对日观测，在软 X 射线波段和白光对日冕的宁静结构及活动结构做了空前的大量的二维成像观测，从而对确认和研究日冕亮点、日冕环弧结构、冕洞、日冕瞬变现象和太阳物质抛射等与空间天气科学有重要直接关系的现象做出了很大的贡献。20 世纪的最后 20 年中，各空间大国在国内和国际上开展了一系列日地空联合观测与研究的大规模合作，如国际日地物理计划（International Solar-Terrestrial Physics，ISTP），包括太阳和日球层探测器（Solar and Heliospheric Observatory，SOHO）（Bonnet和 Felici，1997），其进行的大视场日冕抛射观测和日面远紫外观测，大大减少了太阳活动引起的地球物理响应与太阳源的认证困难。而进入 21 世纪以来，国际与太阳同在计划几乎涉及了所有与卫星有关的国家，该计划中的日地关系天文台（Solar Terrestrial Relations Observatory，STEREO）（Driesman et al.，2008）、太阳动力学观测卫星（Solar Dynamics Observatory，SDO）（NASA，2010）、辐射带风暴探测卫星（Radiation Belt Storm Probes，RBSP）（Kirby et al.，2012），进一步推进了人类对日地连锁变化过程的理解。

作为一门边缘科学，空间环境预报是在空间物理的理论基础上发展起来的，又有着深刻的应用背景。目前我们所要预报的空间环境是日地系统的一个环节，是整个物理过程的一部分。它的状态和变化趋势都与其他部分的物理过程密不可分，都遵从于基本的空间物理规律，因为预报要符合基本的空间物理理论。当前空间物理学已发展成为集太阳物理、行星际物理、等离子体物理、磁层物理等学科的完整体系，也发展了一些很成功的理论模式，大致了解了空间环境扰动从太阳源头到近地空间传播过程的物理原理，日冕物质抛射是空间天气主要扰动源就得到了确定，确认了正负磁云及其与地磁扰动的关系，太阳活动主要通过电磁辐射和等离子体抛射两个途径影响近地环境。这为我们对空间环境预报打下了良好的基础，基于空间物理理论的模式预报也是空间环境预报的发展方向。

从理论上讲，对于太阳等离子体扰动引发的磁暴、亚暴、辐射带变化、电离层极区扰动等，只要监测太阳抛射等离子体并且判断等离子的运动方向，就可能提前 1～3 天发出警报和短期预报。但是我们也应该看到，由于种种条件的限制，对于航天工程所要求的环境预报，目前的理论研究还不能给出满意的结果，即使是很先进的理论模式仍没有在正式预报中得到应用。国际上正规的预报机构多采用统计规律和半经验公式来对空间环境进行预报，甚至在很大程度上仍依赖于预报员个人的经验。这与早期的天气预报有些类似，当然统计规律和经验公式都有其空间物理理论背景，预报员的判断也是遵循着一定的物理定律的。航天事业的发展和对日地空间环境了解的增加，使得人类已经有可能在天基监测的基础上，根据物理过程的模拟来进行预报。空间环境预报方法也应朝着建立一个涵盖面更广、相互联系更加密切、缜密的物理模式预报的方向发展。

空间环境预报是在广泛与其他科学技术相互渗透中前进的，科学与技术紧密结合是空间环境预报发展的根本途径。航天技术和空间探测技术的发展，为空间环境预报提供了数据基础；日地空间物理学的研究和发展，使人们对日地空间的各种现象、相互关系、运动和变化的物理图像和机制，有了较系统的了解，成为空间环境预报的理论基础之一；磁流体力学的发展，成为人们对太阳和行星际空间物理进行研究的有力工具；现代统计理论的发展及在空间环境预报研究中的应用、模糊数学在预报中的应用、人工智能技术和自动化技术的进展等均为空间环境预报技术的发展，起着至关重要的作用。随着人类对空间环境变化的物理机制不断深入地研究和认识，借助于计算机技术和计算技术的发展，空间环境数值预报技术将成为未来的主要发展方向。数值预报是在数值模拟的基础上进行的，而数值模拟需要合适的空间环境模式，空间环境模式的建立、完善和发展则需要以空间环境科学理论的研究和发展为前提，以大量的观测事实及其分析为基础，即空间环境探测—空间环境分析—理论研究—空间环境模式—数值模拟—数值预报。可以说，其他学科领域的进展，将推动数值预报的发展，而数值空间环境预报的发展，又将反过来促进空间环境探测、信息传输、空间环境分析和理论研究等分支领域研究的深入和进展。

二、空间环境效应分析

空间环境效应指空间环境对航天器及技术系统产生的影响，一般情况下，空间环境要素不同、分析对象不同，所产生的空间环境效应也不同，空间探索的任务之一便是通过空间环境效应研究实现空间环境的有效利用，使之服务于国民经济、国防军事、科学技术等。空间环境效应有多种分类方法，按照空间环境要素和影响对象，主要有辐射效应、充放电效应、碎片撞击损失效应、低轨道原子氧剥蚀效应、电离层的电波干扰效应、空间大气阻尼效应等，这些效应对航天器和技术系统的功能、可靠性及寿命产生不利影响，同时也为空间环境利用提供了重要方向。目前，基于空间环境效应的空间新概念武器研究已经成为一个重要的研究方向。下面对重要的空间环境效应进行简要介绍。

1. 航天器充电效应

航天器充电效应是指空间带电粒子在航天器材料及部件中沉积积累电荷的

现象，根据带电粒子来源及影响对象的不同又分为表面充电和深层充电。表面充电是由空间等离子体环境引起的，由于等离子体中电子的热速度远大于离子的热速度，一般情况下航天器表面带负电。此外，由于表面充电机制比较复杂，材料的二次电子发射性能、太阳紫外辐照产生的光电子等都是影响表面充电的重要过程。如果材料的二次电子发射系数大于 1，在一定的电子能量范围内（一般为数百电子伏），表面会形成正电位；在向阳面，由于紫外辐照产生的光电子电流密度大于背景等离子体中电子的入射电流密度，向阳面通常也会形成正电位。此外，航天器表面材料的几何构型通过影响光照的均匀性也会对表面电位产生影响。因此，航天器表面充电是一个复杂的物理过程，不仅产生航天器结构体电位的整体抬升——称为绝对带电，还会因为航天材料、几何构型等的不同而导致航天器表面不同部位间的电位差——称为相对带电。绝对带电更容易引起不同部位间的放电，对材料及星上电子学系统产生干扰破坏及伪指令。特别是对于地球同步轨道，由于磁暴期间等离子体被加速而从地球磁尾方向飘入磁层，经常会引起高达数千伏乃至上万伏的表面带电。在人类航天初期，表面带电和放电产生的航天系统异常成为影响航天器可靠性的重要问题，为此美国国家航空航天局、欧洲空间局，及苏联等航天大国和主要航天机构投入了大量的人力物力围绕表面充电开展了环境监测、充电机理及防护技术的研究，目前已开发了一些航天器充电分析仿真软件，如 NASCAP（Mandell et al., 2006）、SPIS 等，用于指导航天器带电防护的工程设计。在低地球轨道（LEO），由于等离子体属于稠密、低温等离子体，本身不足以引起可观的表面带电，主要问题来自于空间高压太阳电池阵的应用，例如，国际空间站的高压太阳电池阵电压达到 160 伏，电池阵与空间等离子体的相互作用又会引发特殊的充电及放电效应。主要有电池片间隙的介质－空气－金属三结合部产生的瞬间放电（称为一次放电），以及由此引发的不同电池串之间的持续放电（称为二次放电），会导致电池阵功率泄漏；还有当航天器出地影瞬间，太阳电池阵的瞬间激发会驱动结构体悬浮电位的瞬间升高，这是一种非平衡的充电过程，是空间站运行以来发现的一种新的充电效应，也称为快速充电。

除空间等离子体引起的表面充电外，100 千电子伏以上的辐射带高能电子会深入介质内部建立电荷，产生深层介质充电，对于发生在舱内的深层充电也称为内部充电（图 2-3）。深层充电主要是由磁层亚暴期间产生的电子加速引起的外辐射带高能电子通量升高，对于高轨卫星及大椭圆卫星影响较大。由于深层带电发生在部件及器件中的介质内部，放电产生的影响更加直接，威胁更严重。

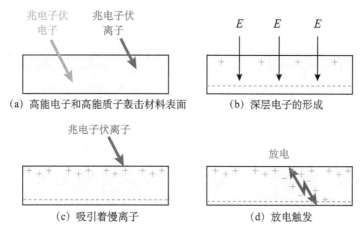

图2-3 高能电子深层充电示意图（Lai, 2009）

2. 辐射效应

辐射效应主要是由空间高能粒子辐照引起的，具体又分为瞬态辐射效应和累积辐射效应。其中，瞬态辐射效应主要是单粒子效应，是指由高能粒子辐照引起的电子元器件功能异常或永久失效，包括单粒子翻转、单粒子锁定、单粒子烧毁、单粒子栅穿、单粒子功能中断等。其中，单粒子翻转是由辐照引起的存储器件中存储信息发生改变，是一种可恢复的软错误；单粒子锁定是由辐照触发了半导体器件中寄生的可控硅结构的正反馈效应，导致工作电流的瞬间增大，会导致器件永久失效；单粒子烧毁是指由入射离子引起的电源 MOS 场效应管漏－源极局部烧毁。随着半导体器件集成度的不断提高，器件的单粒子效应损伤阈值不断降低，多位翻转也越来越严重，而航天器上每个功能模块都涉及大量的指令、控制、数据采集及传输，大量的集成电路和半导体元器件起到神经中枢的作用，因此，单粒子效应是航天器防护的主要对象。单粒子效应主要是由太阳辐射带高能离子、太阳宇宙线及银河宇宙线引起的，太阳宇宙线及银河宇宙线虽然能量更高（可达吉电子伏量级），但通量较低。相比之下，地球辐射带的影响更为严重，其中内辐射带主要是质子带，特别是在南大西洋异常区，单粒子事件发生的概率大大增加。

累积辐射效应主要有电离总剂量效应和位移损伤效应。电离总剂量效应主要是由于电离产生的电荷被器件或材料中界面缺陷捕获，形成界面态，器件的热噪声升高，工作电流增大，量子化效率降低等，对半导体及光学材料则产生功能衰退。位移损伤效应是一种非电离总剂量效应，主要是由于入射离子是半导体材料中的原子发生移位而形成晶格缺陷，当累积到一定程度时就会导致材料或器件发生功能退化或失效。对于长寿命航天器，总剂量效应的防护设计十分重要，基本手段是屏蔽防护，一般情况下会利用航天器结构和系统的布局进行综合防护设计，在薄弱环节再采取针对性的防护措施。目前，针对辐射防护的新材料和新技术研究也是一个十分活跃的方向，例如，基于纳米材料基底的高储氢材料在辐射防护方面展现了优异的性能，氢原子的核电荷数和核外电子数低，与入射高能离子作用后产生的次级离子及韧致辐射少，因此，高储氢防护材料有望在未来的航天系统及航天员防护设计中获得重要应用。

3. 碎片撞击损伤效应

微流星体和空间碎片由于以超高速（2千米/秒以上）运行，因而对航天器带来的撞击损伤更具破坏性，当发生超高速撞击时，巨大的瞬间能流密度不仅会造成航天器结构和材料的破裂和穿孔，还会产生大量的二次碎片云和等离子云。随着航天器发射数量的迅猛上升，碎片防护的压力也越来越大，特别是对于载人航天器及大型航天器而言，微流星体及碎片的防护已成为首要应对问题。微流星体一般来自太阳轨道的彗星及小行星的分裂破碎，它们以大约16千米/秒的平均速度通过地球轨道空间。而空间碎片是由航天活动产生的空间物体，主要有运载火箭箭体、废弃的航天器和因卫星老化或热应力而与主体分离的碎片，近年来航天器爆炸产生的空间碎片也越来越多。对于10厘米以上的大碎片可以通过地面雷达进行轨道跟踪、编目及轨道预报，进而实施规避；而对于1～10厘米尺寸范围的碎片尚无有效的观察和跟踪手段，因此称为危险碎片；而空间碎片绝大部分是1毫米以下的微小碎片，虽然单次撞击不足以造成致命损伤，但累积损伤会导致大面积暴露功能系统、特别是太阳电池阵等光学系统的功能衰退。目前，针对不可预测的空间微小碎片，主要采用Whipple防护结构进行防护，即通过合理设计的多层金属结构把一次撞击转化为多次的二次碎片过程，这已在国际空间站上获得成功应用。

4. 电离层对电磁波的影响

电离层是电磁波传播的重要媒质，由于电离层等离子体对电磁波的反射、吸收、闪烁及磁化等离子体的法拉第旋转、多普勒频移等效应，对地面超视距短波通信、星地通信、卫星导航定位等产生一定影响，其中有些效应成为人类赖以开展电离层探测的重要机制，如电离层反射、法拉第旋转等；另一些效应则对通信导航产生不利影响，如电离层闪烁等。电离层对电波传播的影响因电波频率而异。

随着高度的增加，电子密度增大，折射指数减小，对于斜入射电磁波路径发生弯曲，在一定的高度，折射指数为零，电磁波发生全反射。使折射指数为零的电磁波频率称为临界频率，这一频率就是反射高度上等离子体的振荡频率。较高频率的电磁波，穿透电离层的程度也较深，偏转程度也较小；当超过某一频率时将穿透整个电离层而不被反射；电离层峰值电子密度对应的临界频率称为最大可用频率，在此频率以下，可以通过电离层反射实现远距离通信。3～30 兆赫兹的无线电短波通信、超视距雷达等都是依靠电离层反射来实现的。电离层短波传播的优点是可以用适中的功率实现远距离通信和广播，但由于电离层是色散介质，电离层传播频带较窄，太阳爆发活动会引起电离层暴和突然扰动，可能导致电离层通信遭受严重影响甚至中断。30 兆赫兹以上的超短波及微波则可以穿透电离层，主要用于地面和空间飞行器之间的跟踪定位、遥测、遥控和通信联络。这时电磁波在电离层中的折射对定位、遥测等精度产生影响，在应用中需要进行误差修正；此外，电离层中的随机不均匀结构对电磁波的散射会引起电波振幅、相位及射线到达角发生随机起伏，称为电离层闪烁。在卫星通信中，由电离层不规则体引起的闪烁对卫星的系统设计和可靠性保证是十分重要的，在采用 VHF/UHF 频段的卫星通信中，电离层效应十分明显，尤其是在赤道异常区和高纬极区。

电磁波作为通信和信息传播的主要途径无处不在，因此电离层效应不仅体现在卫星通信，而且对国民经济、国防军事、现代战争都具有更加广泛而深刻的影响。

由于篇幅所限，这里只对比较重要的空间环境效应进行简单介绍，除上述效应外，低轨道原子氧产生的航天器材料剥蚀、太阳紫外辐照引发的材料改性、中高层大气导致的航天器轨道衰变，以及由空间自然环境与航天器系统相互作用产生的诱发环境带来的影响等，在特定条件下对航天系统功能及可靠性产生一定影响；此外，随着新技术、新材料、新载荷、新任务的不断发展以及从近地到深空的不断延伸，新的空间环境及效应机制不断呈现，使得空间环境效应的研究和应用成为人类探索太空的永恒主题。

三、通信和定位导航

随着以全球卫星导航系统、卫星测高（SA）、卫星重力测量（SG）、合成孔径雷达干涉测量（InSAR）、甚长基线干涉测量（VLBI）及卫星激光测距

（SLR）等空间技术的迅速发展及广泛应用，利用轨道高度资源及其上的各类空间飞行平台（如卫星、飞船、空间站等），居高临下地观测地球，进行对地观测和大地测量，以更大范围、整体性地监测地球系统大气、海洋、陆地及生态环境的变化，获取全球观测数据，整体分析和研究地球系统，并开展卫星通信、导航定位等，为人类现实生活、生产活动与国防安全等提供快捷、可靠的保障与服务。这一平台具有地面上无法比拟的优势。

利用这一优势，人类可以系统研究大气、水、岩石、冰雪和生物圈系统，与地球科学领域及其他学科的交叉，有力地提升了解决科学问题的能力，为探索全球变化、地球深层结构、动力学过程与机制提供理论方法及技术支持。空间大地测量还有助于解决空间飞行器、空间站交会对接中的精密定轨定位及空间天气效应修正理论与方法等关键的科学问题，为载人航天、新一代卫星导航系统建设等多项重大标志型战略任务的顺利实施提供重要保障。

在过去 50 年，我国空间应用领域逐步形成气象、海洋、陆地和灾害与环境监测对地观测体系，建立了较全的地面系统和行业、领域应用系统，这些系统与卫星导航系统、卫星通信系统等空间技术系统相互支撑，推动了我国空间应用由实验应用型向业务服务型的转变，在国民经济建设的各个领域逐步形成了支撑发展的能力。

全球卫星定位系统以全天候、高精度、自动化、高效益等特点，能够为地面、水上和空中的各类用户提供连续、实时的导航、定位和授时（PNT）服务，对国防建设、国民经济、科学研究及人民生活均有重要的应用，已取得了极大的经济效益和社会效益。新一代卫星导航与定位系统具有海、陆、空全方位实时三维导航与定位能力。

在全球卫星定位系统的研发过程中，采用基础研究先行的理念，开展全球电离层总电子含量时变特征、机制研究及其在卫星导航测控中的应用研究，进行现代空间大地测量信息精密处理、分析与拓展应用，揭示电离层的不稳定性机制，利用磁测卫星及地面地磁台网观测数据构建全球主磁场、岩石圈磁场和变化磁场模型，正确描述与利用现代大地测量及精密导航定位观测方法与系统中的空间环境效应，确定多模 GNSS 卫星大地测量信号传输与分析重构中的精度、可靠性及分辨率。

在对地观测、导航定位与通信方面，电离层环境是电波传播的物理介质，构造有利的电离层环境对卫星导航、短波通信、精确制导、侦察监视、指挥控制等有着重要意义。研究电离层不稳定性机制及触发判据、电离层最优扰动、多手段联合扰动电离层、人工电离层效应综合诊断等；拓展全球电离层总电子含量时变特征、机制及其在卫星导航测控中的应用研究；开展快于半年的全球两维总电子含量（TEC）时变特征、机制及全球电离层总电子含量潮汐变化特征的监测研究；开展全球和局部电离层总电子含量变化的动态预报方法研究；建立基于自主知识产权的新方法构建非平稳数学表达的电离层总电子含量全球模式；研制高空间分辨率、高精度的电离层总电子含量全球测量模型，融合动态预报方法实现电离层总电子含量的快报和预报，为我国卫星导航、深空测控的应用需求提供高精度的电离层模型。

针对我国自主卫星导航系统技术产品研制与应用推广等方面的需求，展开卫星导航系统多星座互用关键技术研究与数值仿真技术研究，对不同系统、不同信号间的兼容和互用研究，突破卫星导航系统兼容互用、脆弱性分析和信号环境监测、多星座信号的接收与容和处理等关键技术，形成具有我国自主知识产权的新型民用信号体制方案，发展和完善卫星导航信号的全过程仿真分析技术，建立多星座可重构的卫星导航系统综合仿真验证平台，促进卫星导航技术进步，增强我国在国际卫星导航领域的核心竞争力。

研究空间电磁波介质对通信、定位、导航的影响，对空间环境的开发。研究电离层电子密度的分布、变化、扰动等对地面通信与卫星通信质量的作用，对卫星定位导航精度的影响，对有效利用与开发空间环境具有重要经济效益和社会意义。研究内容包括：电离层总电子含量的分布与变化对卫星导航定位的影响评估与修正方案；针对我国北斗导航定位电离层电波传播修正方法；电离层闪烁效应对卫星导航定位影响的评估与应对策略；电离层闪烁效应对卫星通信影响的评估与应对策略；电离层电子密度模式化在地面远距离短波通信保障中的应用；等等。

四、航空

空间天气对在高纬和极区的航空飞行有重要影响，包括：人体辐射伤害、航空电子器件的辐射损伤、高频通信中断、卫星导航。近年来随着通过极区和高纬的航线越来越多，空间天气也越来越受到国际航空业的重视。

空间天气对极区航线上机组人员和乘客最主要的危害是使他们暴露在银河宇宙线辐射当中。除了银河宇宙线辐射，太阳质子事件也是引起飞行高度处辐射剂量增加的原因。在 1956 年的太阳质子事件期间，在 12 千米处的大西洋航班的辐射剂量可达到 10 毫西弗。未来航空界的发展趋势是，一方面，跨越极区的航线越来越多（图2-4）；另一方面，飞机飞行的领空高度越来越高。这两个因素都会导致机组人员遭受的辐射剂量增大。

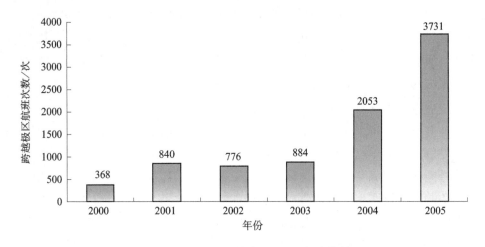

图2-4　2000～2005年跨越极区的航班次数

（引自美国 *Integrating Space Weather Observations & Forecasts into Aviation Operations*，http：//www2.ametsoc.org/ams/assets/File/space_Wx_aviation_2007.pdf）

正像卫星上所发生的空间环境辐射灾害性效应那样，宇宙线、太阳粒子和大气层中产生的次级粒子都会损害机载航空电子系统的电子元器件。随着微电子技术的进步，这些元器件越来越小，越来越敏感，因此被损坏的可能性也就越来越大。机载航空电子设备上极有可能出现卫星上出现的单粒子翻转（SEU）、单粒子锁定（SEL）等单粒子效应（SEE）。研究表明，在 12 200 千米的高空，每 2 小时 100MB 的笔记本电脑内存就会出现翻转。1989 年 9 月 29 日的太阳质子事件使得 1GB 内存发生翻转的频率高达每分钟 1 次。

空间天气也对航空通信有重要影响。很多民航通信系统利用电离层使无线电信号发生反射进行长距离传输。但是如果发生电离层暴，所有纬度地区的高频或甚高频电波通信都能受到影响（Cannon et al.，2004）。有些频率的电波被吸收，而有些被反射，这会产生强烈的信号扰动和传播路径的改变。

因此，近年来随着人类的航空活动向着更高纬度（极区和高纬地区）和更高高度的扩展，空间天气对航空活动的影响越来越大，国际航空业对空间天气也越来越重视，开始从政策、经济、科学和技术等多个方面开展空间天气对航空的影响即航空空间天气（aviation space weather）的研究。联合国下属的国际民航组织（International Civil Aviation Organization，ICAO）已指定一个小组对航空业对空间天气信息的需求进行评估。一些国家（如美国）的跨极区航线均主动接受空间天气业务部门的服务，在恶劣空间天气期间，通常采用改变航线的办法减少飞行过程中通信受到的影响和乘客所受到的辐射。美国气象学会与Solar Metrics 公司在题为"将空间天气观测与预报融合进航空业务"的报告中指出："更好地预报空间天气事件，更好地利用空间天气预报能增加航空安全，节约开支。"

五、大气密度模式与卫星轨道

热层大气所涵盖的范围，是所有低轨航天器（轨道高度低于 1000 千米）运行的区域。尽管高层大气已十分稀薄，但对于航天器的轨道运动仍将产生显著的影响。特别是热层大气密度对航天器的阻力效应，将使得航天器的轨道高度不断降低，偏心率不断减小，如果不进行相应的轨道维持，最终将导致低轨航天器陨落坠毁。2007 年 7 月 14 日，太阳爆发了一次剧烈的耀斑和日冕物质抛射，引发了超强地磁暴（俗称巴士底日事件），导致热层大气密度急剧增大，进而使得低轨航天器所受的大气阻力显著增强。在该次事件中，国际空间站轨道高度下降 15 千米；WIND 卫星轨道大幅度衰减，导致丢失了两天数据；日本 ASCA 卫星由于轨道的较大变化而使地面跟踪系统丢失了目标。此外，对于返回和离轨再入的航天器而言，热层大气对航天器的返回（或离轨）控制策略制订、返回航迹和落点计算也都具有重要的影响。

热层大气密度变化受来自于顶层的太阳活动及底层各种波动影响的共同调制，变化十分复杂，且很多变化的物理机制尚待进一步研究，因此要想准确描述大气密度的变化显得异常艰难。为了科学和工程的需要，在观测水平不断发展的基础上，人们逐步建立了描述热层大气密度变化的经验模式。从 20 世纪60 年代至今，随着观测能力的不断增强和观测数据的不断丰富，融合了地面非相干散射雷达探测、卫星就位探测、阻力反演等多种手段数据，相继形成了JACCHIA 系列、DTM 系列、MSIS 系列及 JB 系列等一大批典型的经验密度模式，并广泛应用于国内外众多航天工程中。遗憾的是，尽管经历了半个世纪的发展，但上述经验密度模式依然无法突破 15% 的精度瓶颈。利用模式计算的大气密度与实际大气密度存在一定的差异，尤其是在太阳地磁活动比较频繁和剧烈的时期，差异将更加显著。

由模式对空间环境变化缺乏足够响应而导致的影响航天工程中的决策和实施，已经在我国多项工程任务中凸显出来。此外，由于现有模式的精度无法精细刻画密度对空间环境变化的响应，因此在空间环境不利的条件下，模式误差表现得更为显著。更为急迫的是，目前我国在工程中一直使用的都是西方十几年前甚至几十年前发布的模式，而针对它们自身应用需求而建立的高精度模式，例如，Bowman（2008）等在 JACCHIA 模式基础上开发的 JB 系列、Storz（2002，2005）等开发的 HASDM，他们要么不再对外公开发布，要么延迟发布驱动模式运行的必要输入参数，使得开展对现有经验密度模式的修正需求格外强烈。

六、空间大地测量

现代大地测量已经发展到空间大气测量阶段，即利用人造地球卫星及其他空间探测器上的各种测量仪器系统，对地球的局部和整体运动、地球重力场及其变化规律进行全天候、高精度、大范围的测量，用以监测和研究全球环境变化、地壳运动、地球系统的物质运动与迁移、地震火山灾害等现象和规律，及相关的地球动力学过程和机制，为人类的活动提供基础地学信息。近 20 年来，随着卫星探测技术的迅猛发展，空间大地测量的监测能力（主要包括精度、可靠性、分辨率、时效性及效率等）得到极大的提升。现今，空间大地测量技术不仅能以毫米级的精度测定地面和空间的位置及地球形状，为航天和国防提供高精度测绘保障，而且能测定它们随时间的变化，进而可研究地球的运动，以及地球内部的动力学过程，如构造、板块运动、地震活动、地球自转变化和海平面变化等，从而推动了地球动力学研究中与大地测量有关的基础性、前瞻性问题及地球和空间环境变化等方面的研究。

空间大地测量的空间天气效应主要是指由太阳活动引起的地球空间电离层、磁层等空间环境高动态的短时间尺度的条件变化，对现今空间大地测量技术系统产生的影响，以及由此对空间大地测量探测及其在地学研究与应用过程中造成的影响。例如，作为日地空间环境的重要组成部分的电离层是制约所有高精度卫星导航系统建设与应用的最为严重、处理最为棘手的主要误差源之一。随着现代无线电导航定位技术性能及地球科学研究与应用要求的不断提高，空间天气效应已成为卫星无线电精密测量及地学问题深入研究的重要制约因素之一。基于现代卫星无线电技术的精确导航定位及地球动力学、地震学、地质构造学等地学应用中的空间天气效应研究，已从定性的描述转入定量处理的阶段。这不仅要求继续提升空间电离层天气影响的处理水平，还需要进一步顾及与精确处理空间磁层的天气效应，开展卫星无线电精密导航、定位、定轨、授时、地球参考框架及重力场确定、地震及大型/特种精密工程监测等过程的空间天气效应的精细特征研究。

近 20 年来，国内外学者采取了多种重要技术措施修正、削弱以电离层延迟影响为主要的空间天气效应对以 GNSS 导航卫星技术为核心手段的现代大地测量的影响，取得了一批重要成果和进展，形成了"GNSS 电离层与大气"多科学交叉研究领域。但以往的方法主要致力于克服空间电离层一阶项效应，而忽略了制约高精度 GNSS 测量性能的空间电离层高阶项效应。近年来，随着美国 GPS 卫星导航系统的现代化、俄罗斯全球卫星导航系统的完善及欧盟伽利略卫星导航系统与我国新一代卫星导航系统的即将建成，作为现今空间大地测量学主要技术手段之一的全球卫星导航系统，正走向多频多模化。随着多模 GNSS 技术的迅速发展，为进一步提高现代大地测量与精密导航定位的精度、可靠性、分辨率及应用效能带来了新的契机。基于多频多模 GNSS 系统的大地测量学及其地学应用研究已成为空间大地测量领域的主要发展方向之一。这需要我们更好地掌握和处理综合顾及精密地磁场及高阶电离层影响的精细空间天气效应。

精细的空间天气效应是指不能或不可通过 GNSS 等技术系统直接消除的地球空间环境的影响，主要取决于复杂多变的电离层电子密度和电子总含量变化及地磁场的影响。有效控制、修正甚至消除主要顾及磁场/电离层高阶项影响的精细空间环境效应对实现优于厘米级绝对定位/毫米级相对定位的高精度卫星大地测量精密应用服务目标具有较大影响，是制约当今 GNSS 空间大地测量技术性能的最关键技术难题之一。

目前，精密空间天气效应影响及改正越来越受到各个国际权威研究机构的重视。迄今，国际上不少学者致力于从全球/区域的角度研究精细空间天气效应对 GPS 接收机精密定位、精密定轨、地球自转参数的影响。相关研究结果表明，精细空间天气效应对精密定位、卫星轨道、钟差产品的影响可高达厘米级，这制约了 GNSS 在地球科学研究中的精密应用效能。特别是，精细空间天气效应对全球/区域 GNSS 精密定位的影响已成为国际地球自转服务关注的热点问题之一。

我国在空间天气效应领域的研究和应用服务水平同美国、欧洲等国际空间技术科技强国和地区相比还存在显著差距。尽管在空间电离层反演研究方面取得了较大进展，获得一批成果，但是为了获得更高分辨率的电离层电子密度结构、掌握更精细的空间电离层天气效应特征和规律，满足不同层次的用户在高精度精密定位定轨过程中的电离层天气效应精确修正与控制需求，必须进一步提高精细电离层天气效应反演精度与修正效果。特别是，现有的精细空间天气效应修正技术与方法无法保证高效性、实时性及高精度与高可靠性，还没有业已成熟的方法和成果。这就要求必须充分借鉴国内外同行已有的经验，结合现代大地测量与空间物理探测技术，开展相关地学与应用的空间天气效应及其影响与精密修正研究，通过理论创新和方法突破，深入研究和发展高效、高精度的精细电离层空间天气效应修正技术与方法。

此外，目前我国正在建设的北斗全球卫星导航系统、重力与测高卫星系统、载人航天工程及大陆环境构造监测网络工程等多项国家重大任务，也迫切需要发展先进的现代大地测量精细空间天气效应监测与修正理论、技术与方法，力争提升现代大地测量探测技术在卫星与航天器轨道精密测定及精确监测和获取精细的地壳、海洋与冰川等变化信息的应用效能。

为实现上述目标，要求必须建立更完备的空间对地观测网络。虽然我国子午工程、大陆环境构造监测网络工程等的建立为改善地基观测系统奠定了坚定基础，但是还必须加强海上观测基础设施建设及构建空间多层次卫星观测网络，建立更密集完整的空基/地基/海上一体化观测网络。基于丰富的高质量的空基/地基/海上观测网络获取的海量观测资料，监测和研究空间电离层天气效应可望取得较大的突破。

七、地面管网

电力、石油和铁路网在全球的经济与社会发展中起着骨干支撑作用。其中，在空间天气对这些系统的影响上，由于当代的高速列车依赖电力驱动，高速铁路的牵引网是一种专用的电网，因此，空间天气对地面电力管网的影响包括对电网和油气管道的影响。在态势上，由于全球能源资源在拥有与需求分布上的不均衡，发展和建设大型的管网对能源资源优化分配是发展趋势。因此，在工程技术领域，2009 年美国首先提出空间天气电网灾害是影响经济与社会发展的重大灾害，2013 年，美国电气与电子工程师协会下属的电力和能源学会年会组织了"地磁扰动（GMD）对电力系统的影响"专题会议，该会议就灾害性空间天气的电网影响是全球性问题达成了共识。2013 年 2 月 26 日，中国工程院启动了"我国应对复杂电磁脉冲环境威胁战略研究"科技咨询重点项目，并对地磁暴的危害进行了专题研讨，在深入分析和反复研讨的基础上，于 2014 年 12 月 29 日向国务院呈报了《关于加强油气管网和电网地磁暴灾害防御的建议》报告，该报告对地磁暴的电网灾害向国家提出了尽快开展节点防御的建议，对油气管道提出了开展监测及评估的建议。

地磁扰动对电网的影响：由于交流电的变化周期为 20 毫秒，传输交流电力的过程要求连续，极短时的输电线路故障或电力设备故障，都会造成故障线路的负荷发生转移，大电网线路故障的连锁反应可能导致大面积停电，因此在大电网的规划设计和运行维护中，防范大电网线路和电力设备的自身故障及自然灾害的侵害是大电网发展的重要任务。与雷电侵害的电磁干扰相比，地磁扰动侵害的电磁干扰虽然极弱，但由于其干扰具有全球同时发生的特征，以及输电线路导线的直流电阻越来越小，因此，由其带来的侵害已成为我国电网的重大问题。

地磁扰动对地面管道也具有重要的影响。中国工程院科技咨询重点项目在两年的研究中，对地磁暴对我国西气东输一线和陕京二线等输气管道的影响进行了调研，获得了 2012～2014 年 9 次中、小地磁暴侵害输气管道所引发的管地电位（Pipe-Soil Potentials，PSP）变化的观测数据，以及通过简单、初步的理论计算（刘连光等，2015）都证明了即使是中、小地磁暴，都会引起油气管道的管地电位的变化。因为与 1000 千伏特高压电网导线的直流电阻相比，西气东输和陕京输气管道的单位长度的直流电阻更小，例如，西气东输一线轮南管道的直流电阻值为 2.477×10^{-3} 欧姆 / 千米。另外，由于油气管道埋在地下，钢质管道内外壁都有绝缘涂层，不与大地直接接触，地磁扰动侵害油气管道效应的响应机制与电网干扰的响应机制不同，油气管道的绝缘涂层材料、管道口径、管道的绝缘接头、管道的转弯与交叉等因素对干扰机制、干扰过程的影响等都还需要深入研究。但中、小地磁暴干扰管道的监测数据表明，2012～2014 年 9 次中、小地磁暴侵害引发的管地电位量值，都超过管道杂散电流干扰防护国家标准和国际标准规定的限值。除管地电位（等同于地磁感应电流）的干扰会加速管道的金属腐蚀外，会不会引发突发灾害，中国工程院提出了开展干扰监测及评估的建议。

由于地磁扰动对电力等管网的影响已成为全球性的问题，也引起了工程技术领域一些专家的重视，但这些还只是对客观现象的了解，虽然中国工程院提出了防御电力等管网地磁扰动灾害的建议，但由于地磁扰动在管网中产生的地磁感应电流，尤其是电网中的地磁感应电流干扰高风险的节点，是随着电网的发展、运行方式的变化及检修的时间不断变化，采用技术手段的防护，一是需要很大的投资，二是所采取的节点防护的措施不一定都有效。另外，由于电力等管网的规模非常大，按我国近年的国内生产总值持续增长率为 8% 左右计算，我国仅电网和电源建设的投资就需要 8000 亿～9000 亿元，才能满足国民经济增长的需要。因此，采用隔离、削弱和补偿变压器中性点的地磁感应电流等技术手段，来防护大规模电力等管网的地磁暴灾害非常困难，不是经济和非常有效的方法。也正因此，空间天气的准确预报和在此基础上的地磁扰动的准确预报是电力等管网防灾的紧迫需求。

第六节　我国空间天气科学的资助管理模式

空间天气研究的资助模式在国家层面上主要有国家自然科学基金委员会的基金项目、国家重点基础研究发展计划（973 计划）、国家高技术研究发展计划（863 计划）、国家重大科学工程、国家重大航天工程、国家公益性行业科研专项。除此以外，还有中国科学院空间科学先导计划项目、中国气象局行业内项目、高校 985 经费项目等。

一、国家自然科学基金委员会基金项目

国家自然科学基金委员会针对建设创新型国家和科技强国对基础研究的新要求，制定了"支持基础研究、坚持自由探索、发挥导向作用"的战略定位，并坚持"依靠专家、发扬民主、择优支持、公正合理"的评审原则，着力培育创新思想和创新人才，进一步加强对科研工具研制的支持。

自然科学基金资助体系包含了研究类、人才类和环境条件类 3 个项目系列，其定位各有侧重、相辅相成，构成了科学基金目前的资助格局。其中，研究项目系列以获得基础研究创新成果为主要目的，着眼于统筹学科布局，突出重点领域，推动学科交叉，激励原始创新；人才项目系列立足于提高未来科技竞争力，着力支持青年学者独立主持科研项目，扶植基础研究薄弱地区的科研人才，培养领军人才，造就拔尖人才，培育创新团队；环境条件项目系列主要着眼于加强科研条件支撑，特别是加强对原创性科研仪器研制工作的支持，促进资源共享，引导社会资源投入基础研究，优化基础研究发展环境。

国家自然科学基金是空间天气基础研究资金的重要来源。中国空间天气研究能取得今天这样的成就，离不开国家自然科学基金长期稳定的支持。截至目前，国家自然科学基金支持了空间天气领域 29 项杰出青年科学基金项目，3 项重大基金项目，以及包括重大仪器专项和重点基金在内的一些环境条件类的项目。

二、国家重点基础研究发展计划

国家重点基础研究发展计划（973 计划）旨在解决国家战略需求中的重大科学问题，以及对人类认识世界将会起到重要作用的科学前沿问题，提升我国基础研究自主创新能力，为国民经济和社会可持续发展提供科学基础，为未来高新技术的形成提供源头创新，坚持"面向战略需求，聚焦科学目标，造就将帅人才，攀登科学高峰，实现重点突破，服务长远发展"的指导思想，坚持"指南引导，单位申报，专家评审，政府决策"的立项方式，以原始性创新作为遴选项目的重要标准，坚持"择需、择重、择优"和"公平、公正、公开"的原则，坚持项目、人才、基地的密切结合，面向前沿高科技战略领域超前部署基础研究。973 计划的实施，实现了国家需求导向的基础研究的部署，建立了自由探索和国家需求导向"双力驱动"的基础研究资助体系，完善了基础研究布局。

空间天气科学研究也得到科学技术部 973 计划的大力支持。科学技术部先后批准了 4 项与空间天气有关的 973 项目。在 973 计划的支持下，空间天气科学研究从基础理论到预报模式研究都得到了较快的发展。

三、国家高技术研究发展计划

国家高技术研究发展计划（863 计划）是我国的一项高技术发展计划，是以政府为主导，以一些有限的领域为研究目标的一个基础研究的国家性计划。

1986 年 3 月，面对世界高技术蓬勃发展、国际竞争日趋激烈的严峻挑战，邓小平同志在王大珩、王淦昌、杨嘉墀和陈芳允四位科学家提出的"关于跟踪世界战略性高科技发展的建议"和朱光亚的极力倡导下，做出"此事宜速作决断，不可拖延"的重要批示。在充分论证的基础上，党中央、国务院果断决策，于 1986 年 3 月启动实施了高技术研究发展计划，旨在提高我国自主创新能力，坚持战略性、前沿性和前瞻性，以前沿技术研究发展为重点，统筹部署高技术的集成应用和产业化示范，充分发挥高技术引领未来发展的先导作用。

863 计划近年来支持了一些空间天气天基和地基观测项目，推动了我国空间天气探测技术的发展。

四、国家重大科学工程

国家重大科学工程是指由国家财政拨款建设，用于基础研究和应用基础研究目的的大型科研装置、设施或网络系统。作为推动我国科学事业发展和开展基础研究的重要手段，国家重大科学工程是国家科技发展水平尤其是基础研究发展水平的重要标志，也是一个国家综合国力的体现。国家重大科学工程的实施，极大地改善了我国的整体基础研究条件，在提高我国知识创新能力、发展高新技术、推动学科发展、培养人才、维护国家安全、参与国际合作与竞争等方面，发挥了重要作用。国家重大科学工程的建设更增强了中华民族的自信心和自豪感，提升了我国科技事业在世界上的地位和知名度。

目前，国家在空间天气领域实施的重大科学工程是子午工程。子午工程沿东经 120° 子午线附近，利用北起漠河，经北京、武汉，南至海南并延伸到南极中山站，以及东起上海，经武汉、成都，西至拉萨的沿北纬 30° 纬度线附近现有的 15 个监测台站，建成一个以链为主、链网结合的，运用地磁（电）、无线电、光学和探空火箭等多种手段，连续监测地球表面 20～30 千米以上到几百千米的中高层大气、电离层和磁层，以及十几个地球半径以外的行星际空间环境中的地磁场、电场、中高层大气的风场、密度、温度和成分，电离层、磁层和行星际空间中的有关参数，是联合运作的大型空间环境地基监测系统。

子午工程的建设，不仅有利于研究空间环境与地球各圈层、生态环境和人类活动等大跨度的学科交叉问题，也为在灾害性空间天气的变化规律这一重大国际前沿研究领域取得重要原创性的成果提供了不可或缺的地基监测基础，这将使我国成为世界空间天气领域的先进国家之一。以子午工程作为获取近地空间环境数据的基本手段，配合卫星探测、太阳观测和地球物理观测，了解灾害性空间天气的变化规律，建立相应的空间天气因果链模式，发展综合性的预报方法，带动我国空间物理学、地球物理学、大气物理学、太阳物理学、等离子体物理学、非线性科学和计算数学等主要基础学科的发展。

子午工程 20 余种监测手段的科学组合，以及它所进行的同时性监测，可为开展重大创新研究提供十分宝贵的监测基础。以子午工程为基础，链网结合，配合区域性监测网和流动监测站，对我国东临大海、西至青藏高原的地域特色进行对比监测和研究，弄清我国上空环境的区域性特征及其与全球变化的关系，逐步建立有我国地域特色的空间环境的区域性和全球性模式。

子午工程将积累完整、连续、可靠的多学科、多空间层次的空间环境地基综合监测数据。在此基础上，通过国际合作，可交换世界各国空间环境的地基监测与天基探测数据。子午工程与其他相关项目配合，可把空间灾害、洪涝灾害、地震灾害、生态环境和人类航天、通信、导航等活动作为一个复杂系统来开展大跨度的交叉研究，进而提高我国空间天气综合研究的水平。

五、国家重大航天工程

国家重大航天工程主要是以卫星为平台，开展空间科学和空间应用研究或服务。2001 年实施的双星计划对推动我国空间天气的发展起了重要作用。

双星计划是我国首次提出的探测计划，是开展国际合作的重大空间科学探测项目（Liu et al.，2005）。双星计划的两颗卫星运行于目前国际日地物理计划（ISTP）卫星在地球空间尚不能覆盖的近地磁层重要活动区，形成了具有创新特色和独成体系的星座式探测系统，研究太阳活动、行星际扰动触发磁层空间暴和灾害性地球空间天气的物理过程，进而建立磁层空间暴的物理模型、地球空间环境动态模型和预报方法，为空间活动及维护人类生存环境提供科学数据和相应对策。

双星计划是中国与欧洲合作的第一个科学探测卫星项目。按照 2001 年中国国家航天局和欧洲空间局签署的合作协议，双星计划与欧洲空间局最为重要的磁层探测计划 Cluster Ⅱ（Escoubet，2001）密切配合，形成人类历史上第一次对地球空间的六点立体探测（图 2-5），成为国际空间探测计划中的重要组成部分。双星计划还与国家重大科学工程子午工程的科学目标配合，形成中国空间环境的立体监测系统，并与 Cluster Ⅱ 卫星和国际上其他科学卫星相配合，在 23 周太阳峰年及其下降期间的有利时机进行多卫星及地面联合观测。

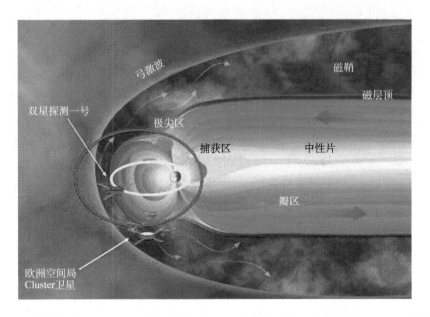

图2-5　双星计划与Cluster的4颗卫星密切配合，首次形成了对地球空间的六点立体探测

（引自欧洲空间局网站 http：//www.esa.int/spaceinimages/lmages/ 2006/10/Cluster_and_Double_Star_orbits_on_8_May_2004）

双星计划有力地促进了中国空间天气科学科的发展，推动了中国在国际空间领域与其他国家的进一步合作，标志着中国地球空间探测水平又迈上了一个新台阶。

六、国家公益性行业科研专项

公益性行业科研专项主要用于支持公益性科研任务较重的国务院所属行业主管部门，围绕《国家中长期科学和技术发展规划纲要（2006—2020 年）》的重点领域和优先主题，组织开展本行业应急性、培育性、基础性科研工作。

中国气象局曾经牵头承担过公益性行业科研专项，研究和开发了大量实用的空间天气预报模式，以便向社会和公众提供更好的空间天气服务。

七、未来国家科技体制改革趋势

需要指出的是，未来的空间天气研究资助模式可能会发生变化。2015 年，国家开始对科研体制进行改革。根据科学技术部、财政部共同起草的《关于深化中央财政科技计划（专项、基金等）管理改革的方案》，国家将建立统一的国家科技管理信息系统，对中央财政科技计划（专项、基金等）的需求征集、指南发布、项目申报、立项和预算安排、监督检查、结题验收等全过程进行信息管理，并按相关规定主动向社会公开信息，接受公众监督，让资金在阳光下运行。

《关于深化中央财政科技计划（专项、基金等）》提出优化中央财政科技计划（专项、基金等）布局，整合形成五类科技计划（专项、基金等）。

（1）国家自然科学基金。资助基础研究和科学前沿探索。

（2）国家科技重大专项。聚焦国家重大战略产品和产业化目标，解决"卡脖子"问题。

（3）国家重点研发计划。针对事关国计民生的重大社会公益性研究及事关产业核心竞争力、整体自主创新能力和国家安全的重大科学技术问题。

当前，从"科学"到"技术"到"市场"的演进周期大为缩短，各研发阶段边界模糊，技术更新和成果转化更加快捷。为适应这一新技术革命和产业变革的特征，新设立的国家重点研发计划，着力改变现有科技计划按不同研发阶段设置和部署的做法，按照基础前沿、重大共性关键技术到应用示范进行全链条设计，一体化组织实施。在该计划下，将根据国民经济与社会发展的重大需求和科技发展的优先领域，设立一批重点专项，瞄准国民经济和社会发展各主要领域的重大、核心、关键科技问题，组织产学研优势力量协同攻关，提出整体解决方案。

（4）技术创新引导专项（基金）。按照企业技术创新活动不同阶段的需求，对国家发展和改革委员会、财政部管理的新兴产业创投基金，科学技术部管理的政策引导类计划、科技成果转化引导基金，财政部、科学技术部等四部委共同管理的中小企业发展专项资金中支持科技创新的部分，以及其他引导支持企业技术创新的专项资金（基金）进行分类整合。

（5）基地和人才专项。对科学技术部管理的国家（重点）实验室、国家工程技术研究中心、科技基础条件平台、创新人才推进计划，国家发展和改革委员会管理的国家工程实验室、国家工程研究中心、国家认定企业技术中心等合理归并，进一步优化布局，按功能定位分类整合。

本次科技计划（专项、基金等）优化整合工作按照整体设计、试点先行、逐步推进的原则开展，具体进度安排为：2014年，启动国家科技管理平台建设；2015～2016年，基本建成公开统一的国家科技管理平台，有关科技计划和资金管理办法等，完善中央财政科研项目数据库和科技报告系统；2017年，经过 3 年的改革过渡期，全面按照优化整合后的 5 类科技计划（专项、基金等）运行，现有各类科技计划（专项、基金等）经费渠道将不再保留。

（曹晋滨　王世金　袁运斌　唐歌实　陆全明　颜毅华

黄建国　杜爱民　刘连光　张绍东　刘立波）

本章参考文献

刘连光，张鹏飞，王开让，等 . 2015. 基于大地电导率分层模型的油气管网地磁暴干扰评估方 . 电网技术，39（6）：1556-1561.

Bonnet R,Felici F. 1997. Overview of the SOHO mission. Advances in Space Research，20：2207-2218.

Bowman B,et al. 2008. A new empirical thermospheric density model JB 2008 using new solar and geomagnetic indices,paper AIAA 2008 presented at the AIAA/AAS Astrodynamics Specialist Conference,Am. Inst. of Aeronaut. and Astronaut.,Honolulu,Hawaii,18-21 Aug. Avaiable online at：http：//arc.aiaa.org/doi/pdf/10.2514/6.2008-6438.

Cannon P,Angling M,Fieaton J,et al. 2004. The Effects of Space Weather on Radio Systems. Rhodes：Proceedings of the NATO Advanced Research Workshop on Effects of Space Weather on Technology Infrastructure. Rhodes.

Driesman A,Hynes S,Cancro G. 2008. The STEREO Observatory. Space Science Reviews，136：17-44.

Escoubet P. 2001. Introduction：The Cluster mission. Ann. Geophys.,19：1197-1200.

Kirby K,Artis D,Bushman S,et al. 2012.Radiation belt storm probes—observatory and environments. Space Science Reviews，179(1-4)：59-125.

Lai S. 2009. An Overview of Deep Dielectric Charging. 1st AIAA Atmospheric and Space Environments Conference 22 - 25 June 2009. San Antonio,Texas.

Liu Z X,Escoubet P,Cao J B. 2005. A Chinese European multiscale mission：The double star program//Lui A T Y,Kamide Y,Consolini G (eds.) Multiscale Coupling of Sun-Earth Processes. Dordrecht：ELSEVIER，509-514.

Lübken F. 2012. Climate and Weather of the Sun-Earth System (CAWSES)：Highlights from a Priority Program. New York：Springer.

Mandell M. 2006. Nascap-2k Spacecraft Charging Code Overview. IEEE Transactions on Plasma Science. 34(5): 2084-2093.

McIntosh P S. 1970. Progress in Astronautics and Aeronautics//Solar Activity Observations and Predictions. McIntosh P. S,Dryer M(eds.). Cambridge: The MIT Press.

NASA(National Aeronautics and Space Administration). 2010.Solar Dynamics Observatory-Our Eye on the Sky. February 13,2010. Avaiable online at: http: //www.nasa.gov/pdf/417176main_ SDO_Guide_CMR.pdf.

OFCM (Office of the Federal Coordinator for Meteorological Services and Supporting Research of USA). 1995. The National Space Weather Program: The Strategic Plan,FCM-P30-1995,1995. Available online at: http: //www.ofcm.gov/nswp-sp/text/acover. htm.

Storz M,Bowman B,Branson M. 2002. High Accuracy Satellite Drag Model (HASDM),paper AIAA 2002-4886 presented at the AAS/AIAA Astrodynamics Specialist Conference,Am. Inst. Of Aeronaut. and Astronaut.,Monterey,USA. Available online at: http: //arc.aiaa.org/doi/ pdf/10.2514/6.2002-4886.

Storz M,Bowman B,Branson M. et al. 2005. High accuracy satellite drag model (HASDM).Adv. Space Res.,36: 2497-2505.

第三章
空间天气科学的发展研究现状与发展态势

　　空间天气科学经过最近几十年的蓬勃发展，取得了一系列重要的科学发现和突破，并开辟了新的应用领域，对社会和经济发展产生了重要影响。但空间灾害性天气事件的发生是一种突发性的低概率、高影响的非传统自然灾害，我们关于它的预报能力还十分有限。未来的空间天气科学将朝着进一步拓展新兴交叉研究方向和与实际应用紧密结合的方向前进。目前，我国空间天气科学已经具备坚实的学术基础和研究积累，学科布局较为完整，在空间天气科学若干分支领域取得了重要的科学进展，许多研究工作站在了国际前沿。发展先进的探测技术和手段，进一步引领空间天气科学的前沿研究，将是未来的发展趋势。

第一节　空间天气科学的主要研究方向和发展趋势

　　空间天气科学正在蓬勃发展，其科学内涵及其对人类社会可持续发展的重要性正在不断地被认识。空间天气科学是一门新兴的交叉学科，它以空间物理为学科基础，与太阳物理、地球物理、大气物理、等离子体物理等多学科交叉综合，又与航天、航空技术、通信、导航技术、跟踪定位技术、电子技术、光电技术、成像技术等多种工程技术紧密结合。它聚焦监测、研究、预报日地空间乃至太阳系中突发性的条件变化、基本过程、变化规律及其对天基、地基技术系统、人类健康与生命的危害效应。空间天气科学也是一门关乎人类生存、发展安全的新兴战略科学，旨在探索空间天气变化奥秘，减轻或避免空间天气灾害，保障人类空间活动安全，助力开拓有效和平利用空间的战略经济新领域，为人类社会的生存发展做出重要贡献。空间天气科学的具体研究目标包括：深入理解日地系统不同层次的空间天气过程，以此为基础，形成日地空间天气连锁过程的整体性理论框架，取得有重大影响的原创性新进展；开发空间探测的新概念和新方法，实现与物理科学、信息科学、材料科学和生命科学等多学科的交叉，开拓新的研究领域，促进学科不断发展；建立日地系统空间天气事件的因果链模式，发展以物理预报为基础的集成预报方法，深化空间天气对人类技术系统影响的机制研究，为航天活动、空间工程与应用的国家需求做出贡献，为相关国民经济和国家安全等管理部门的科学决策做出贡献（国家自然科学基金委员会，2012）。

一、主要研究方向

空间天气科学是一门密切联系实际应用的基础研究学科，其主要研究方向覆盖空间天气过程的基本规律、空间天气要素的模式化、空间天气事件的预报警报、空间天气效应的分析与应对等。

（一）空间天气过程的基本规律

从日地系统整体出发，以不同圈层的耦合过程（图 3-1）为突破口，通过理论分析、数值模拟、数据分析、综合集成等研究手段，揭示空间天气的物理过程和变化规律、关键过程和驱动机制，辨识日地系统不同圈层的相互作用和非线性响应的机制，探讨空间天气和空间气候的可预报性。空间天气特征规律与耦合机制的研究方向主要包括以下 5 方面的内容。

图3-1　空间天气过程示意图

（http://sec.gsfc.nasa.gov/sec_resources_imagegallery.htm）

第一，磁层－电离层－热层耦合的关键科学问题研究。磁层－电离层－热层是等离子体与中性气体共存、彼此紧密耦合的复杂系统，是太阳剧烈活动引起灾害性空间天气的主要发生区域。该区域的物理环境对于人类航天活动的安全及导航／通信系统的正常运行至关重要。

第二，低纬度地区电离层不规则体的特性与机制研究。在各种扰动因素的影响下，低纬电离层中存在着复杂的扰动现象。这些扰动会产生电离层不规则体，对卫星通信、导航／定位和空间飞行等所用信号的传输产生严重影响，有时可导致系统失效。探讨低纬度地区电离层不规则体发生的物理机制和影响因素，对于发展电离层闪烁的预报模式研究，对通信、空间飞行和航天活动保障具有重要的应用价值。

第三，磁层能量的储存、释放和传输过程研究。太阳风能量通过多种机制进入地球磁层，以磁场的形式储存在磁层。这些能量的储存和释放过程会驱动磁层磁暴、亚暴，以及伴随的高能粒子暴，进而影响整个空间环境的电磁与粒子环境。

第四，高能带电粒子的产生、加速、传输机制研究。日地空间高能带电粒子暴对人类高新技术活动有多方面的影响，研究高能带电粒子的产生、加速、传输过程对于预测空间环境中高能粒子暴的发生发展及相关其他扰动过程十分重要。

第五，中高层大气短周期性振荡现象研究。由于观测数据较少，热层大气的变化规律在日地能量耦合链中属于认识较弱的环节。大气中的波动会在不同的高度上、不同的区域发生线性的、非线性的相互作用，如何区分中高层大气中这些波动的来源是非常重要的科学问题，同时为建立日地系统空间天气事件因果链模式提供了中间层和低热层大气区域的理论基础。

（二）空间天气及其耦合过程模式化

空间天气模式是定量研究和预测空间天气的主要手段之一。空间天气模式是利用有限区域的数据来了解整个空间全貌不可或缺的工具，是对空间天气过程进行定量化描述，揭示关键物理过程和规律的必由之路，所提供的空间天气的背景要素是进行航天器空间天气防护辅助设计的重要依据，是实现定量、精细化空间天气预报的重要基础。主要包括：发展新的空间天气探测技术，完善我国天地一体化空间天气综合观测系统，实现多源数据同化，提高变量估计精度及空间天气事件的预报水平。空间天气及其耦合过程模式化研究方向主要包括以下 5 方面的内容。

第一，极区能量耦合及高纬地区电离层-热层-磁层耦合模式。在日地空间中，地球极区是非常重要的关键区域，通过对流电场、场向电流和粒子沉降等过程，电离层/热层系统与相邻的磁层相互作用、相互影响，紧密耦合在一起。高纬地区是磁层能量、动量和物质进入电离层/热层系统的主要通道，建立极区太阳风能量注入、电离层-热层-磁层耦合模拟，将为实现对灾害性空间天气环境的预测和预报打下基础。

第二，电离层-热层-等离子体层耦合数据同化模式。观测数据的急剧增多，相关经验/理论模式的日臻完善及计算技术的飞速发展，使得基于模式和观测融合的数据同化实现对近地空间天气变化的描述、现报和预报成为可能。由于电离层受到外界和背景大气及电动力学等众多因素的驱动，对电离层/热层/等离子体层区域的整体现报和预报需要利用全耦合理论模式。通过积累电离层/热层/等离子层领域各观测手段观测参量的处理方法等，达到主要参量最优化，实现精确现报和短期预报目标。

第三，时空变化的辐射带模式。辐射带是航天活动中必须要面对的高能粒子环境，辐射带并不十分稳定，在太阳风暴作用下其边界和强度均有较大幅度的改变。构建有效实用的辐射带模型对于空间高能粒子辐射对航天器的影响至关重要。

第四，热层大气密度参数预报方法及模式。热层大气层顶高度随太阳活动的变化很大，热层结构主要受太阳活动的支配。热层大气物理状态对于航天器近地轨道的影响至关重要。目前现有的大气模型，尤其在太阳风暴左右时期，得出的大气密度，往往会产生很大偏差，研究预报大气密度的理论与方法，建立新型热层大气密度预报模型十分必要。

第五，太阳风暴行星际传播模式。了解太阳活动所释放的巨大能量和抛出的大量物质通过日冕、行星际传输到近地空间，最终在地球空间系统（磁层、电离层和中高层大气）中进一步传输和耗散的基本过程和变化规律，建立空间天气因果链模式并发展相应的预报模式和方法是空间环境及其耦合过程模式化的重要组成部分。太阳风暴的日冕过程研究对于整个日地系统空间天气过程而言具有决定其发生、发展的初边值意义；而太阳风暴的行星际过程研究具有重要的桥梁和纽带作用，把空间天气变化源头的输出信息——"因"与地球空间系统的空间天气最终的响应变化——"果"连接起来。

（三）空间天气预报与警报

未雨绸缪是人类防灾减灾的重要手段，准确及时的空间天气预报可使航天器减少或避免因空间天气带来的危害和损失。目前，在航天器的任务规划、在轨管理和活动安排等环节中，空间天气预报已经成为必不可少的考虑因素之一。此外对于特定的区域，由于其空间的特殊性或在经济战略等方面的重要性，对其上空电离层和临近空间监测及预报也是空间天气预报工作的重点和难点。空间天气预报与警报研究方向主要包括以下 4 方面内容。

第一，电离层环境对通信与定位导航影响的评估与修正。研究电离层电子密度的分布、变化、扰动等对地面通信与卫星通信质量的作用，对卫星定位导航精度的影响，对有效利用与开发空间环境具有重要的经济效益和社会意义。

第二，南海区域电离层赤道异常探测与预报。中国约 25° N 以南的区域位于电离层赤道异常区，由于该区域主要是海洋，地面布站受限；同时该区域电离层的小特征尺度使得 GPS、掩星等观测数据的反演出现很大的系统误差，因而在该区域开展基于船舶的海上电离层移动探测，获取直接观测资料，矫正 GPS 和掩星资料反演误差，提高该区域电离层预报能力，具有重大科学价值和应用意义。

第三，空间环境灾害性事件预警方法。空间环境是影响人类航天活动成败与否的重要因素之一，准确及时的空间环境预报可使航天器减少或避免因空间环境带来的危害和损失。我国已经开展了专业的空间环境预报和相应的预报研究工作，但是对于航天部门旺盛且更高的需求而言，其预报的时效性和准确度还需要进一步地提高。

第四，太阳耀斑及太阳风暴预报模型。空间天气主要由太阳和地球大气的活动驱动，日冕物质抛射、耀斑辐射及太阳高能粒子事件是太阳驱动空间天气的主要媒介。对太阳耀斑及太阳风暴的预报是进一步做好空间天气预报的基础，及提高我国应对各种空间灾害能力的关键。

（四）空间天气对人类活动的影响和应对

研究航天器周围的环境对空间材料的损伤、微电子器件的辐射效应、航天器充放电效应，将有效延长航天器的寿命，提高经济效益和社会效益。研究空间电磁波介质对通信、定位、导航的影响，对空间天气的开发利用具有重大意义。空间天气对人类活动的影响和应对研究方向主要包括以下 3 方面内容。

第一，空间天气影响航天器充放电的机制研究。伴随着现代航天器的发展，以及对空间天气灾害事件的认识，依然有较多的航天器故障与充放电过程有关。尽管对这一问题已经有较长期的研究，但是针对航天器在轨运行期间，同时或者先后出现低能电子、高能电子充电环境下发生的充放电过程；在发生充电的同时，其他因素造成的异常放电的机制和规律；充放电后，引起的电子学系统异常和故障的途径、方式和规律等问题并不十分清晰。针对典型的现代工艺器件，揭示空间辐射效应及危害的机理和规律，建立科学的评价方法十分必要。

第二，临近空间环境先进探测技术及信息传输理论研究。临近空间是与人类活动关系最为密切的空间环境，也是目前观测手段较为缺乏的一个领域。了解临近空间环境的特性和变化规律，必须依靠全面、可靠、及时的高质量观测数据，进而为临近空间超声速飞行器的导航、数据遥测、通信和电子对抗提供理论基础。

第三，灾害性空间天气危害的分析评估、应对策略和措施制订。针对我国航天事业发展规划，以载人航天、深空探测和临近空间飞行器为重点，评估分析空间天气模式在我国航天领域的应用现状，探讨空间领域的航天战略基础研究议题（国家自然科学基金委员会，2004）。

二、国际发展趋势

由于人类社会面临高科技发展及国家安全的巨大需求，空间天气科学研究正迅速成为国际科技活动的热点之一。世界范围诸多国家相继制订了空间天气起步计划。从 1995 年美国白宫批准六大部委（国家航空航天局、国防部、商务部、内政部、能源部、国家科学基金会）联合实施的第一个国家空间天气战略计划（1995—2005 年）开始，欧洲空间局、法国、德国、英国、俄罗斯、加拿大、日本等国家和组织相继制订了空间天气起步计划。无论是美国、欧洲等技术发达国家和地区还是联合国、世界气象组织、国际空间研究委员会都积极制订了一系列空间天气起步的协调计划，其目的是建立有空间天气知识和保障能力的社会。随着空间科技的进步和对空间与大气重要性认识的提升，人们关注空间天气的视野开始向广度和深度延伸。例如，由美国国家航空航天局牵头，组织世界众多技术发达国家参加的国际与太阳同在计划是一个"由应用驱动、聚焦空间天气"的研究计划，规模空前宏大，将在环绕太阳四周和整个日地系统配置 20 余颗卫星，其中太阳探针卫星将于 2018 年左右发射到太阳近前 9 个太阳半径处去看太阳，这将具有里程碑的意义。此外，还实施了一系列空间探测计划向太阳系的火星、金星、水星、土星、木星等深空进军，载人登月又重新成为诸多国家新的竞争舞台。空间天气探测、研究与预报也从日地系统扩展到整个太阳系，为"开辟人类在太阳系中的新疆界"保驾护航。国际上，空间天气未来一段时间的发展趋势可归纳如下。

（一）太阳活动—行星际空间扰动—地球空间暴的连锁变化过程及其建模，将成为国际空间天气研究的主攻方向

日地空间是一个耦合的复杂系统。来自太阳的能量和物质，经过行星际传向地球空间，形成能影响人类技术活动甚至地面系统的各种地球空间环境现象。例如，来自太阳的电磁辐射直接加热并电离地球高层大气，形成地球热层和电离层，并驱动高层大气环流。太阳活动与太阳爆发引起的太阳风扰动，通过与地球磁层相互作用，形成地磁暴、亚暴等磁层扰动，并通过太阳风-磁层-电离层/热层耦合系统，进一步影响到地球电离层与热层，引起电离层暴和热层暴，产生包括极光在内的中高层大气剧烈扰动现象。此外，地球低层大气吸收来自太阳的辐射能量，以重力波、潮汐和行星波等波动形式将能量和动量向上传递，进一步加热高层大气，影响高层大气环流，拖曳电离层等离子体运动并与之发生耦合作用；潮汐等大气波动还在电离层底部（发电机区）通过发电机效应产生电场，该电场沿着倾斜的磁力线映射到整个电离层，导致电离层等离子体重新分布，产生包括赤道喷泉效应在内的电离层动力学和电动力学现象。

当前空间天气预报的水平与实际需求还有较大差距，预报的水平估计相当于气象天气预报 20 世纪五六十年代的水平。借鉴天气预报的发展历史，要从根本上提高空间天气预报的水平，一方面，要大力开展空间探测，针对日地空间关键区域和空间天气连锁变化过程进行监测；另一方面，需要进行理论研究和建立相关的空间天气预报模式。经过几十年的发展，在从太阳大气、行星际空间再到地球空间的不同空间区域都研发了成熟度不同的各种物理或经验模

式。迄今，针对典型的空间灾害性天气事件，从太阳表面太阳风暴驱动源出发，贯穿日地空间，最终到地球空间的基于物理规律的整体集成预报模式，在国际上正处于起步阶段，美国国家科学基金会重点支持了以波士顿大学牵头联合几个大学组成的空间天气集成模型中心（Center for Intergrated Space Weather Modeling，CISM）和密歇根大学主持的空间环境建模中心（Center for Space Enviroment Modeling，CSEM）。

（二）多颗卫星联合的多时空尺度局地和成像探测和研究成为主流，对未知空间区域的探测成为前沿

空间物理探测一方面发展小卫星星座探测技术，观测小尺度三维结构，区分时空变化（如 IRIS、THEMIS、Cluster、MMS 等）；另一方面建立大尺度的星座观测体系，实现立体和全局性的观测（如 STEREO、双星计划、夸父计划等）。卫星的成像观测仪可提供多波段、多角度、多尺度的高精度、高拍摄频率的观测数据，为我们研究太阳大气和行星际空间中各种各样的活动提供了丰富的数据来源（图 3-2）。如太阳动力学观测站（SDO，2011）是美国国家航空航天局发起的与星同在计划的第一颗空间天气卫星。SDO 上搭载的太阳大

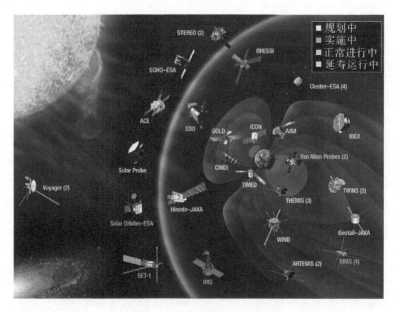

图3-2 太阳和行星际的探测

（http://www.nasa.gov/mission_pages/sunearth/missions/index.html）

气成像仪和太阳极紫外成像仪帮助人们理解和预报对地球和人类产生影响的太阳变化事件；日地联系观测站（STEREO，2006）是美国国家航空航天局的日地联系探测（Solar Terrestrial Programme，STP）计划的第三个卫星。STEREO 双星的成像仪可同时对日面活动（如活动区的磁场位形、暗条爆发等）和行星际扰动（如 CME 的传播等）进行观测；太阳和日球层探测器（SOHO，1995）是欧洲空间局和美国国家航空航天局联合实施的日地空间探测（Solar Terrestrial Space Programme，STSP）计划中的一个飞船。SOHO 卫星搭载的成像仪可研究和诊断高层太阳大气的物理参数。空间物理探测与研究的发展已经由定性、单因素或为数不多的空间环境因素的探测研究进入了精细化的多因素耦合或协同探测研究的新阶段。只有实施联合探测，才能了解关键区域、关键点处扰动能量的形成、释放、转换和分配的基本物理过程，深入揭示其物理过程的本质。不同高度卫星的联合观测，成为日地空间不同空间区域耦合研究不可或缺的前提。

在未来 10 年的太阳和行星际的探测中，太阳轨道器和太阳探测都向空间天气的源头——太阳不断逼近。一系列空间探测计划向太阳系的火星、金星、水星、土星、木星和小行星等深空进军，空间物理的探测也成为重要的组成部分。美国旅行者号飞船正在离太阳 100 AU 处传回日球层边缘的信息。2012 年 8 月，旅行者 1 号已经穿透了日球层顶进入了星际空间。

国际上在着力发展空间探测的同时，也十分注重地基观测。事实上，大型国际合作计划——国际与太阳同在计划和日地系统空间气候和天气计划中，地基观测是非常重要的组成部分。正是由于具有 "5C"（连续、方便、可控、可信和便宜）的优越性，地基观测既是空间环境监测的基础，也是空间探测计划的重要补充。由于对空间环境进行全天时和整体性监测的需求，世界空间环境地面监测正沿着多台站、网络式综合监测的方向迅速发展。加拿大最近提出了地球空间监测计划（Canadian Geospace Monitoring，CGSM），包括了协调观测、数据同化和模式研究等各个方面。计划从 2003 年开始，在加拿大全国范围内建设无线电观测设备（8 个先进数字电离层探测台、相对电离层吸收仪）、磁场观测设备（各种地磁仪 48 台）和光学观测设备（10 台 CCD 全天成像仪、沿子午线布置多通道扫描光度计 4 台），并利用国际两极雷达探测网的 3～4 台高频电离层雷达设备等地基观测系统，对空间环境进行综合监测。作为世界上最先进的空间环境监测国家，美国在众多的卫星探测计划之外，也提出了先进模块化的可移动雷达（Advanced Modular Incoherent Scatter Radar，AMISR）计划，通过 2007～2012 年和 2013～2016 年两个阶段的研制与发展，为研究迅速变化的高层大气及观测空间天气事件提供强有力的地面空间环境监测手段。

（三）在宏观和微观两个层面对空间天气过程开展深入研究，并强调二者的密切结合

空间天气研究面临挑战的科学问题主要包括大尺度（宏观）和中小尺度（微观）两方面。空间天气大尺度问题——实现把驱动空间天气事件发生的大尺度扰动能量的形成、释放、经由行星际空间的传输、注入地球空间并触发地球磁层、电离层和中高层大气天气变化的能量沉积、传输、转换和耗散等过程，集成为连锁变化的全球行为。目的是在建立描述日地系统空间天气的连锁变化过程的理论体系及其因果链模式——空间天气全球模式。中小尺度问题——控制关键区域、关键点处扰动能量的形成、释放、转换和分配的基本物理过程，如磁重联过程、粒子加速和传输过程、等离子体和中性大气的耦合过程、光化 - 动力过程、湍动、波动过程和磁场的产生与易变性的发电机过程等。目的是深入揭示基本物理过程的本质，实现微观与宏观物理过程的融合。

（四）重视空间天气对航天活动和人类生存环境影响的研究

空间天气对人类活动的影响日益受到人们的重视。这些影响绝不仅仅限于空间活动，而是涉及从天基、地基各类现代高技术系统直至人类健康和人类生活本身。据统计，在轨卫星的所有故障中，空间天气效应诱发的事故约占 40%，表现在航天器轨道、寿命、姿态控制直至航天器材料、电子器件及软硬件的正常工作和通信测控。对于地面技术系统，1989 年 3 月 13 日，空间天气事件（磁暴）引发加拿大魁北克电网大停电事故后，空间天气影响问题引起人们的广泛关注，并开展了大量的研究，确认除电网外，石油输送管道、铁路通信网络都会有类似的影响。当太阳、空间 X 射线、地磁、电离层发生骚扰时，会使电波信号的折射条件改变、反射能力减弱、吸收加大，信号发生闪烁、误码率增加等；低频、甚低频信号产生相位异常、广播电视系统受到干扰甚至中断。对电波传播的影响不仅限于通信领域，卫星精密定位系统、导航系统、雷达特别是远程超视距雷达系统都会受到空间电磁环境扰动的强烈影响，如它可使雷达测速测距系统产生误差、卫星信号发生闪烁、导航定位侦察系统

产生误差。空间高能粒子辐射除直接威胁航天员的生命安全外，民航飞机空乘人员特别是经常在高纬地区和跨极区飞行的航班人员和器件同样受到影响；空间电磁环境扰动，空间天气事件导致的人类日常活动，健康条件和疾病发生的关系也已引起人们的关注并正在深入研究（NRC Solar and Space Physics Survey Committee，2003）。

三、我国发展现状

近年来，在国家有关部门的大力支持下，我国空间天气研究力量逐步发展壮大，学科体系得到进一步加强和完善，基础设施建设实现了跨越发展，探测和研究水平不断提高，国际地位和影响力不断提升。主要表现在以下几方面。

（一）地基平台建设迈上新台阶

地基监测上了一个新台阶。中国科学院的日地空间环境探测研究网络、工业和信息化部的电离层监测网络、中国地震局的地磁监测网络、国家海洋局的地基空间天气监测，以及高校、国家气象局等的地面探测手段，已经基本覆盖我国全境并延伸到南北两极。

我国空间科学领域首个国家重大科技基础设施项目子午工程于 2012 年 10 月在北京通过国家验收，标志着历时 4 年多的工程建设、完成投资逾 1.7 亿元的国家大科学工程进入正式运行阶段。子午工程利用沿东半球东经 120° 子午线附近和北纬 30° 附近的 15 个综合性观测台站，综合运用地磁、无线电、光学和探空火箭等多种探测手段，连续监测地球表面 20～30 千米以上直到几百千米的中高层大气、电离层、磁层及行星际的空间环境参数。子午工程是目前国际上监测空间范围最广、地域跨度最大、监测空间天气物理参数最多、综合性最强的地基空间环境监测网，将在国内外地基空间环境监测领域发挥重要作用。子午工程的建成，将大幅提高中国空间天气预报能力和服务水平，有力支撑中国空间科学取得重大原创性成果，为提升中国空间活动能力，保障空间活动的安全做出重要贡献，并将使中国空间环境地基监测能力快速步入先进国家之列。美国著名学术刊物《空间天气》通过封面文章对子午工程进行了报道和高度评价，认为子午工程是一个雄心勃勃、影响深远、非常震撼的项目。2012年 8 月发布的美国《太阳与空间物理十年发展规划》将以子午工程为基础的国际空间天气子午圈计划列为两个重要的国际合作项目之一。子午工程二期，三亚先进电离层非相干散射雷达，中高纬地球电离层 SuperDARN 雷达，中国气象局空间天气业务网络系统、专业地基网络系统等目前都在积极地推进和实施之中。

（二）天基观测与实验开始走上轨道

我国第一个空间科学探测计划——双星计划的成功实施，开创了我国空间科学探测的先河（图 3-3）。双星计划的两颗星与欧洲空间局的 Cluster 计划形成了对地球空间的六点联合探测，取得了一系列创新性结果，共同荣获国际宇航科学院 2010 年度的杰出团队团队成就奖这一国际殊荣，这是航天领域的国际大奖，诸如哈勃望远镜、航天飞机、空间站等位列其中。双星计划荣获国家2010 年度科学技术进步奖一等奖。此外，2007 年发射的嫦娥一号进行了月球空间环境的探测，2013 年发射的嫦娥三号搭载了极紫外相机，首次在月面上对地球空间等离子体层进行极紫外成像，从整体上探测太阳活动和地磁扰动对地球空间等离子层的影响。夸父计划、磁层－电离层－热层耦合小卫星星座探测（Magnetosphere-Ionosphere-Thermosphere，MIT）计划、太阳极轨射电望远镜（Solar Polar Orbit Radio Telescope，SPORT）计划、太阳空间望远镜卫星计划等列入了中国科学院空间科学先导专项、民用航天背景预研项目。在一些应用卫星（如资源卫星、风云系列卫星等）上搭载了空间环境探测仪器。

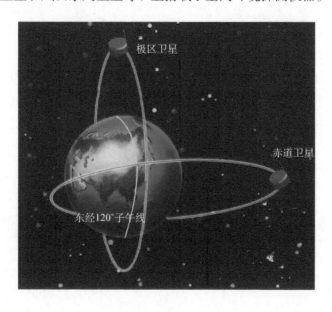

图3-3　中国双星工程

（http://www.esa.int/spaceinimages/Images/2003/04/Double_Star_Programme_DSP）

（三）空间天气基础研究开始站在国际前沿，建模与预报能力有了长足的进步

在空间天气基础研究方面，我国科学家取得了一批引起国际同行关注的成果，如太阳大气磁天气过程、太阳风的起源及其加热和加速、行星际扰动传播、磁暴和亚暴的产生机制、磁重联过程、太阳风与磁层的相互作用、电离层的变化性以及区域异常、中高层大气动力学过程的探测与研究、地磁层和电离层建模与预报方法及极区光学观测研究等，都开始站在了国际研究前沿。这些研究先后获得了国际国内许多重要奖励，如国家自然科学奖二等奖 5 项、陈嘉庚地球科学奖 1 项、何梁何利基金科学与技术进步奖 4 项、其他部委级奖励多项，以及国际空间研究委员会、欧洲空间局、日地物理学科学委员会等奖项。

"亮点"研究如雨后春笋：首次揭示太阳风形成高度在太阳表面之上的 20 万千米处，是"具有里程碑意义的成果"；太阳风暴的日冕——行星际数值模式成为国际上有影响的模式之一；磁重联研究为国际瞩目，如磁"零点"研究于 2009 年和 2010 年连续两年被评为欧洲空间局 Cluster 卫星的五大成果之一；揭示了严重威胁地球同步通信卫星安全的"杀手"——电子快速加速的机制，入选欧洲空间局颁发的 Cluster 卫星 5 位"杰出科学家奖"之列；太阳风与地球磁层相互作用的模拟研究，使中国成为少数几个具有太阳风－磁层－电离层相互作用全球模拟的国家之一；电离层的变化性、中高层大气的激光雷达观测研究为国际学术界瞩目；太阳活动研究与预报水平名列国际前茅，已为我国的航天安全保障做出重要贡献等。这些研究已开始产生引领其发展的影响。此外，我国空间物理领域的科学家在国际一流学术刊物如《地球物理学研究杂志》（JGR）等发表的论文数和影响也增长迅速。据统计，我国学者在《地球物理学研究杂志：空间物理学》（JGR：Space Physics）上发表的文章约占该领域该期刊的 10%。

与此相联系的空间天气建模与预报也有了长足的进步，互联网和高性能计算的广泛应用为开展大规模的空间天气数值预报建模和预报研究提供了有利条件。2012 年，我国地球空间天气数值预报建模研究项目获得了科学技术部国家

基础研究重点发展计划（973 计划）的支持，为我国建立有自主知识产权的空间天气数值预报模式奠定了坚实的基础。空间天气预报在我国神舟飞船系列、嫦娥一号等的空间天气保障方面做出了突出贡献。

（四）业务预报体系已初步形成

空间天气业务和其他气象业务的配合，可以实现从太阳到地球表面气象环境的无缝隙业务体系。2002 年 6 月，国务院批准中国气象局成立国家空间天气监测预警中心，标志着我国国家级空间天气业务的开始。国家空间天气监测预警中心的业务已经形成规模，在基于风云系列卫星的天基监测能力建设、气象台站的网络化地基监测台站建设、参考气象业务规范的预报预警系统建设、面向用户的应用服务探索与实践等方面取得良好成绩，在国际和国内赢得了广泛的认同和支持。目前，国家空间天气监测预警中心是国际气象组织国际空间天气协调组联合主席单位。同时，军口也成立了专门的空间天气业务机构。此外，中国科学院和中国电子科技集团等部门在空间天气方面的应用也在快速发展中。

（五）国际合作的全球格局初步形成

通过双星计划——Cluster、中俄火星联合探测计划、夸父计划和国际空间天气子午圈计划的实施和推动，国际合作开始进入围绕重大国家任务开展实质性、战略性合作的发展新阶段。国际空间天气子午圈计划获得了科学技术部重大国际合作计划的支持，被 2012 年美国《太阳与空间物理十年发展规划》列为重要的国际合作项目。我国科学家牵头建议的夸父计划，被誉为"这是中华民族在空间探测科学领域的创世纪的计划"，美国《科学》专门对夸父计划进行了报道，文中指出"夸父计划将在很高的精度上追踪太阳爆发和地磁暴活动；它将有许多项首创技术，并将使中国在深空探测方面跨入国际领先行列"。这些由中国科学家牵头的地基、天基计划已在组织推动中，必将对科学发展产生重要的引领作用。空间天气业务和其他气象业务的配合，可以实现从太阳到地球表面气象环境的无缝隙业务体。目前，中国科学家正在积极推进国际空间天气预报前沿计划的重大国际合作研究项目（空间科学项目中长期研究规划研究课题组，2008）。

第二节　空间天气科学与和平利用空间

空间天气科学强调科学与应用的密切结合，专门研究和预报空间环境特别是空间环境中灾害性过程的变化规律，对防止或减轻空间灾害，保障航天活动、通信、导航与定位、国家安全等具有重要意义。这是我国经济建设和社会发展的强烈需求。

一、和平利用空间的意义

（一）和平利用空间为物质运动基本规律的研究提供了良好环境，有望取得重大突破性发现，在科学发展和人类文明进步上做出中国人应有的贡献

空间轨道高度和特殊环境（如微重力、强辐射、高真空、深冷、高洁净度等），为研究物质世界的基本规律提供了绝佳的条件和极好的机遇，它可以研究地面重力环境下被掩盖的现象或在地面难以研究的问题，例如，新的力学体系及毛细作用和浸润过程，没有浮力对流影响的燃烧过程，无浮力对流与沉降条件下的材料凝固过程，高温熔体中的物质输运过程及新材料制备等，这些研究可以对自然科学的突破性进展做出重大贡献。而人类进入空间的一个初衷，就是可以利用空间平台居高临下地观测地球，获取全球整体观测数据，分析和研究地球系统，这一平台的优势是在地面上无法获得的。利用这一优势，人类可以系统地研究大气、水、岩石、冰雪和生物圈系统。例如，自气象卫星上天后，监测到了全部热带气旋/台风和飓风，为减灾防灾提供了重要的预警预报信息；臭氧层卫星传感器获取了臭氧洞和臭氧层演变的图像，极大地提高了人类对臭氧洞形成和臭氧层损耗机制的认识，这一科学认识不仅使研究者获得了 1995 年诺贝尔化学奖，还为制定国际臭氧层保护协议打下了坚实的科学基础。

（二）和平利用空间牵引和带动我国航天和相关高技术领域的跨越式发展，促进国家整体科技实力的提升，实现科技领先

空间应用基础研究的进行离不开空间高新技术的支撑，它博采了现代科学技术众多领域的最新成果，以及关键技术的集成创新，同时又对现代科学技术

的多个领域提出了新的发展要求。空间应用的基础研究任务往往是非重复性的，包含大量的新思路、新设计。空间应用基础研究计划有别于一般的应用卫星计划，它对航天技术的发展有直接的带动作用。在轨道设计方面，即使是运行于地球空间的科学卫星，绝大多数也都需要超出常规应用卫星轨道的特殊轨道设计，如大椭圆轨道、低倾角轨道、冻结轨道、编队飞行轨道等。进入太阳系的探测器对轨道设计更提出了新的要求。在深空探测计划的推动下，利用行星引力借力飞行技术已普遍使用。在星际航行推进技术方面，已经牵引出的新技术包括太阳帆推进技术和核推进技术等。在姿态控制方面，科学卫星提出的超高分辨率要求，大大提高了卫星姿态控制的精度。在测控数传技术方面，科学卫星和深空探测计划对地面站的能力、星际导航提出了新的要求。在卫星结构、热控方面，科学卫星已经突破了平台和载荷相对独立的概念，形成了一体化的设计理念，大量科学卫星的构型已经彻底改观，无法判断哪个是平台哪个是载荷。在有效载荷技术方面，科学观测和探测需要得到在探测窗口、超高空间分辨率、超高灵敏度、超高时空基准方面超过前人的数据。空间科学计划直接牵引和带动航天技术的全面发展，同时也推动了相关领域高新技术的进一步发展，如电子与信息、新能源、新材料、微机电、遥感科学等，从而带动我国科学技术的整体水平迈上一个新台阶。上述这些创新和新技术绝大部分可以转移到地面应用。比如，美国阿波罗计划的许多技术已经成功转移至其他领域。如今我们常用的电子计算机断层扫描技术就是源于阿波罗计划，笔记本电脑也是当初在阿波罗飞船上提出的计算机小型化设计的产物。目前已经深入人类日常生活的 GPS 导航技术，也是源于天文研究的成果。我国正在建设创新型国家，跟踪国外先进技术已经不能满足我国可持续发展的要求，因此，通过发展空间应用基础研究计划，牵引和带动我国航天技术，并延伸至高技术各个领域，是我国新时期建设创新型国家发展战略的重大需求，也是促进国家整体科技实力的提升、实现科技领先的战略需求。

（三）和平利用空间为保护人类生存环境提供重要手段

我国是人口最多、国土面积最大的发展中国家，未来发展难以改变以化石能源为主的能源发展模式，这将不可避免地承受应对和缓解全球变化的双重压力，并承担国际责任。美国、英国、法国、德国、日本等国家在工业化、现代化建设时期，经济增长与环境质量普遍存在环境库兹涅茨曲线（Environmental Kuznets Curve，EKC）现象。EKC 理论指出，环境问题与经济发展存在倒 U 形关系，即在经济体发展过程中，存在环境恶化的阶段是不可避免的。中国将在 2020 年左右基本实现工业化。但是，中国未来的经济发展还改变不了以化石燃料作为主要能源的状况，这不但关系到资源总量减少的问题，还会引起环境污染。中国在经济发展过程中，应采取积极应对和缓解环境问题的措施，协调环境问题和经济增长的关系，使环境库兹涅茨曲线相对平缓。因此，迫切需要空间科技在保护人类生存环境方面提供重要的支撑。经过 30 年改革开放，我国经济社会发展已经完成现代化建设第一阶段的战略目标，在新的起点上，国家中长期科学和技术发展规划提出在全面建设小康社会进程中的 11 个紧迫需求领域可能形成的瓶颈制约，对地观测技术系统可以在 5 个领域发挥骨干作用：①在落实应对气候变化的国家方案中发挥监测、监管和决策支持作用；②对水资源短缺与水资源污染进行监测；③太阳能与风能等新能源的普查与利用；④保持耕地 18 亿亩底线的监管和提高土壤质量的监测；⑤区域性重大自然灾害与公共安全中的应急监测等。由于这些问题具有复杂性、积累性、突发性、区域性和全球性的特征，因此需要构建数字地球科学平台与地球系统模拟网络平台，综合利用空间数据，开展多学科交叉的地球系统科学研究，为我国经济社会发展的生态环境安全与和谐稳定提供空间信息保障。

（四）和平利用空间为提高人类生活质量、促进我国社会和经济发展提供重要保障

21 世纪人类所面临的人口增长、能源短缺、环境污染、人类的和谐生存与发展等许多重大问题，都向科学提出了严峻挑战，而科学与技术的发展将为解决或减缓这些问题做出贡献。在我国的能源结构中，煤炭占主导地位，同时燃煤也是大气污染的最大来源，因此，节能减排对我国经济社会的可持续发展具有非常重大的意义。微重力多相热流体动力学过程研究对于提高系统热质传递效率具有重要的作用；微重力燃烧实验研究为揭示燃烧过程中的基本规律、发展燃烧理论开辟了一条有效的途径，通过微重力实验研究，可准确地得到我国代表性煤种的燃烧特性基础数据，基于科学研究成果和其他相关努力，有望促使燃煤设备设计得到改进，这不仅可以节约大量的燃煤成本，还将有效地缓解

交通运输压力、减少大气污染物的排放。空间太阳能电站技术研究和开发，更是安全、绿色和可持续能源的唯一选择，是我国日益增加的太空活动所迫切需要大型空间能源基地的最佳选择，并将极大提高经济发展的速度和质量，带来一场技术革命甚至是产业革命。此外，在微重力环境下可以更准确地测定熔体的热物理参数和物质输运系数，这些基础数据在材料制备的模型与模拟研究中是必不可少的。通过使用精确材料参数的模型化研究，可以发展先进的地基铸造技术。微重力环境中可以生长出比地面质量更好的蛋白质单晶，利用这些单晶可以获得蛋白质的结构信息，从而有利于研制新药和促进蛋白质工程的发展。空间大地测量可以为人类的活动提供地球空间信息。随着以全球卫星导航系统、卫星测高、卫星重力测量、合成孔径雷达干涉测量、甚长基线干涉测量及卫星激光测距等空间技术的迅速发展及广泛应用，空间大地测量已成为研究地球动力学和监测全球环境变化、地震火山等自然灾害的重要手段。空间大地测量与地球科学领域其他学科的交叉，有力地提升了解决地球科学问题的能力，为探索全球变化、地球深层结构、动力学过程与机制提供了理论方法及技术支持。空间大地测量还有助于解决空间飞行器、空间站交会对接中的精密定轨定位及空间天气效应修正理论与方法等关键科学问题，为载人航天、新一代卫星导航系统建设等多项重大标志型战略任务的顺利实施提供重要保障。

人类生活和生产需要的信息有 80% 与空间位置有关。数字地球提供了组织和使用空间信息的最佳方式，虚拟地球的全球视野和三维地理环境的浏览，极大地唤起了公众探求未知世界的热情。2005 年网络数字地球大众版面世，短短几年的时间，软件下载和使用数量就超过 2 亿，使"数字地球"从实验室走向了社会大众。全球网民享受着虚拟世界带来的快乐，也改变了认识和了解自己生活和活动空间的方式。与此同时，数字化服务渗透到日常生活的各个方面，如教育、社区、交通、旅游、医疗、手机数字地球服务等，大大提高了人们的生活质量，使人们充分享受空间信息共享带来的生活便利。数字地球平台已经成为学校地理教学的工具，包括长城、大峡谷在内的河流、湖泊、山脉等自然和人文地理内容以准确的经、纬度标记和地形地貌的三维效果，使学生如同身临其境，增强了教学效果。数字城市、数字社区、数字交通等成为城市发展和社会信息化的发展趋势，也成为我国城市管理的重要手段。国家"十一五"期间启动了数字化城市示范工程项目，加大了对城市数字化示范项目的投入，并积极培育与之相适应的空间数据更新与分析服务的高技术产业。经初步统计，2007 年年底我国空间信息产业已经有近 2 万个从业单位，形成的年度市场需求也达 500 亿元。

二、和平利用空间的发展趋势

（一）空间天气科学助推经济社会发展的作用已日益显示

一方面，它为空间活动"保驾护航"，减轻或规避空间天气灾害的能力将作为人类社会生存与发展需要的一种基本能力迅速实现国际化，同时也更深入地融入社会生活的诸多方面。例如，人们的出行、通信、金融、商贸、环境监测、抢险救灾、资源勘探、油气输运、远洋作业、电力安全等。另一方面，它还将助力开拓和平利用空间的战略经济新领域，如空间新型通信平台、空间新能源、新交通、新材料、新医药、新培育物种等。因此，"空间天气是关系全球经济发展的一个重要议题"。

（二）空间天气科学倍增国家空间安全的作用将日益突显

全球卫星定位系统以全天候、高精度、自动化、高效益等特点，取得了极大的经济效益和社会效益。新一代卫星导航与定位系统具有海、陆、空全方位实时三维导航与定位能力。现代历次局地高科技战争的实践表明，"空间天气影响一切军事技术系统和军事活动"，如影响军事信息系统、精确的跟踪定位、精确打击和拦截武器的精确性等。它是海、陆、空、天、网、电多维一体保障体系的重要组成单元，特别关系到电子战、信息战的成败。对它的专门研究已发展成为一门新兴的军事空间天气学。

（三）空间天气科学加速科技进步的作用将日益被认知

新一轮的科技革命将是一次以新生物学革命领头，也包括一次新物理学革命，地球和空间科学将做出重要贡献。空间天气科学在把人类的知识体系从"地球实验室"向"空间实验室"拓展，无论是在创新人类的知识体系还是在带动空间技术的发展方面，其作用无疑是十分重要的。航天和相关高技术领域（包括轨道设计、姿态控制、有效载荷和热控方面等）取得跨越式发展，提高了国家整体科学实力，实现了科技领先。

第三节 典型案例分析

空间天气科学是基础研究的重大前沿领域之一。物理学、天文学、地球科学等多个学科利用空间探测手段开展研究，形成了空间天气科学的若干学科方向，既有传统的空间物理、行星科学，也有新兴的交叉研究方向。它们的发展极大地促进了多学科的交叉和发展，丰富了人类的知识。我国在空间天气科学的某些领域已有相当的基础和一定优势，可望取得重大原创性成就；但有些领域还需进一步地加强建设和培育。

一、优势领域

在空间天气科学的空间物理基础研究中，我国科学家取得了一批引起国际同行关注的成果，如太阳大气磁天气过程、太阳风的起源及其加热和加速、行星际扰动传播、磁暴和亚暴的产生机制、磁重联过程、太阳风与磁层的相互作用等，开始站在了国际研究前沿，这些研究成果先后获得了国际空间研究委员会、欧洲空间局、日地物理学科学委员会等颁发的多项国际重要奖项。

（一）太阳风研究

国内的太阳风研究比国外晚了 20 多年。虽然起步晚，但还是在理论解释、分析发现等方面取得了令人瞩目的成果。在行星际湍流的演化及其对太阳风加热方面，涂氏理论模型的提出是一个里程碑的工作。我国学者创建并发展了日冕加热和太阳风加速的波动供能模型；提出了大振幅低频阿尔文波随机加热太阳风粒子的机制；在极区冕洞发现过渡区针状物的准周期活动；给出太阳风初始加速的观测证据；提出并模拟验证磁重联驱动太阳风起源的新图像；提出磁螺度诊断湍流谱法，发现动力学湍流的二元波动成分。上述的研究成果直接增进了人们对太阳风的认知。

（二）磁重联研究

磁重联在理论解释、分析发现等方面取得了有国际影响的重要研究成果。例如，利用 Geotail 飞船观测资料给出了重联区中霍尔效应及哨声模波动的观测证据，首次发现了无碰撞磁重联的存在，进而认为哨声可以调制地球磁层中的快速磁重联；利用 Cluster 卫星数据，首次证实了在磁重联发生前 30 秒即存在着强烈的准平行传播的哨声波；基于庞加莱指数方法，分析 Cluster 4 颗卫星在磁尾的探测数据，首次获得了存在三维磁重联零点的观测证据；通过分析双星探测一号（TC-1）的观测资料，发现在低纬磁层顶存在大量的磁重联事件，且占主导地位，而此时行星际磁场与磁层磁场之间的夹角偏离 180°，有时甚至小于 90°。这些观测结果提供了磁层顶存在"分量重联"（即有初始导向场时的重联）的有力证据；利用 Cluster 卫星在地球磁尾 17 个地球半径的观测资料，证实了在磁重联扩散区内部存在这种小尺度次级磁岛结构；应用自洽的全粒子模拟方法分别研究了存在初始导向场和反平行重联中电子加速过程；利用金星快车 2006 年 5 月 16 日的磁场和低能粒子数据，首次在金星这颗没有内禀磁场的行星的近磁尾发现了一个通量绳，这种通量绳被认为是金星近磁尾重联的结果，这种重联过程可能提供了一种新的金星上大气逃逸的机制。

二、薄弱环节

我国空间天气基础研究领域已具有一定的规模和影响，但成果的产业化和空间探测与国际先进国家相比还有明显差距。

（一）基础研究向实际应用的转化

我国有待进一步加强基础研究向实际应用的转化。日地空间天气连锁变化过程的关键物理过程等基础研究已取得重要的进展，部分方向进入国际先进行列。但在空间天气预报模式、空间天气的效应分析和灾害性空间天气应对策略研究方面还有明显不足，不能满足对国家航天活动和高技术系统的保障服务需求。太阳的爆发性活动和太阳活动的长期变化模型、空间天气各区域的预报方法和模式，在预报的准确度与时间提前量方面有待加强。空间天气变化给航天、通信、导航、国民经济和国家太空安全等活动造成灾害的机制、评估和防护，以及日地空间特殊环境（高能粒子辐射、等离子体背景、原子氧、空间碎片等）对航天器的损伤效应及对策研究方面还需改进。

（二）天基空间探测方面

我国还没有空间科学系列卫星，自主探测能力和载荷研制能力较弱。从实践一号到实践八号卫星，我国进行的空间科学探测与实验项目都属于搭载项目，科学家只能在限定的轨道、姿态和有限的卫星资源下"就汤下面"，开展有限的探测和实验，系统性、精确性和目标适宜性无法保证。双星计划是截至目前我国唯一真正意义上的科学卫星计划，但自 2003 年和 2004 年发射上天后，我国的空间科学卫星就处于无以为继的状态。我国迄今尚没有发射过一颗天文专用卫星，没有实施过完整的、具有一定规模的围绕空间太阳物理的研究计划，研究队伍的规模偏小，而且还分散在众多的研究方向上。同样，我国还没有发射自己的重力卫星、测高卫星及 InSAR 卫星。中国科学院空间科学先导专项为我国空间科学的发展带来了曙光，但"十三五"及更长远的计划还没有落实，这与我国的空间大国地位很不相称，在国际空间科学界不能起主导作用，严重影响了我国空间科学原始性重大创新成果的产出。我国有效载荷的水平还远不能满足空间科学探测的需求，存在有效载荷种类单一、精度较低、标定手段缺乏等问题。我国空间卫星资料主要依赖国外，远不具备独立自主的监测能力，长期存在着空间科学研究落后于航天技术发展的极为不平衡的局面。空间科学探测还没有实施国际上通用的以科学家为主导的有效载荷首席科学家（Principal Investigator，PI）制，有效载荷研制存在科学目标不明、技术指标不先进、数据处理和成果产生无人负责的尴尬局面。

三、交叉学科

空间天气科学本身就是随着航天技术的进步而不断发展的一门新兴的基础性交叉学科，是自然科学的基础学科（如数学、物理、化学、天文、地球科学等）在空间的自然延伸。

（一）与等离子体物理的交叉

从太阳大气到地球和其他行星的广阔空间环境乃至日球层中都充满着等离子体。在不同的空间环境中等离子体的特性各不相同，例如，太阳大气和行星际空间充满着稀薄的等离子体，其物理过程往往受到行星际磁场的影响，并主要受太阳磁场的控制；地球磁层则基本上由完全电离的等离子体组成，其形态主要受地球磁场的支配，同时又受太阳活动的影响；电离层系由部分电离的等离子体组成，太阳辐射、地球磁场和引力场共同对它起作用。这些等离子体中的一个重要特征是带电粒子之间的长程作用力及其与电磁场的相互耦合决定着它们的动力学行为，同时它们的动力学过程的发展速度往往大于体系趋于平衡态的速度，经典的碰撞效应可忽略不计，等离子体可看成是无碰撞的。这种非平衡态下的无碰撞等离子体可以激发各种不同类型的不稳定性并产生等离子体波动，并形成各种非线性的等离子体物理现象。一些基本的等离子体物理过程，可能是不同空间环境中的一些宏观现象的共同起因，例如，磁场重联可能是导致太阳耀斑、日冕物质抛射、磁层亚暴等重要爆发现象的共同机制。同时，空间环境的各种宏观现象，如太阳爆发现象及它们引发的扰动在行星际、磁层和电离层的响应，都与空间等离子体中的基本物理过程密切相关。因此，有必要和等离子体物理紧密结合，从等离子体物理的角度出发来研究空间环境中的各种现象，探讨它们的物理起因，了解它们的物理本质，以便更好地预报空间环境中的各种灾害性天气事件。另外，目前对空间等离子体物理的研究手段主要是在处理卫星观测资料的基础上，进行理论和数值模拟来研究空间环境中的空间等离子体中的各种基本物理过程。卫星观测的主要问题是可重复性差，被动实验，没法进行人为控制。因此有必要和等离子体物理结合，在实验室中开展和空间环境中条件相似的等离子体物理实验，结合卫星观测更好地研究空间等离子体中的基本物理过程，并探讨空间环境中各种现象的物理本质。

（二）与大气物理的交叉

低层大气是大气波动（重力波、潮汐、行星波等）的重要源区，由于大气波动的向上传输和耗散过程、重力波的饱和破碎等过程，将释放出能量和动量，影响中高层大气的动力学结构及化学成分分布，并进一步影响电离层的状态与变化。所以，对低层大气中潮汐、行星波的激发与传播、重力波活动及源区分布和特性的研究，对中高层大气、电离层的动力过程和化学过程的认识有巨大意义。目前的探测和研究证明，低层大气对中高层大气和电离层的影响几乎是单向的，较之上层大气对下层大气的影响有效得多，其效应非常重要，不可忽略。

第四节　平台建设情况

依据双星计划、嫦娥工程等空间天气科学探测计划，我国建立了相应的地面科学应用中心和数据中心，初步具备了制订空间天气科学卫星科学计划、在轨有效载荷运行管理、数据接收、数据处理和反演、数据存储、数据产品生成和发布的能力。在地基探测平台的建设中，中国科学院的日地空间环境观测研究网络、工业和信息化部的电离层监测网络、中国地震局的地磁监测网络、国家海洋局的基地空间物理监测，以及各研究所、高校等的地面探测手段，已经基本覆盖我国全境和南北两极。

一、已建成的平台

（一）地球空间双星探测计划成功实施

1997 年，刘振兴院士提出了双星计划，即分别发射极轨和赤道轨道的两个卫星，它们可以与欧洲空间局发射的 Cluster II 星座联合形成六点空间探测，建立起地球空间多时空尺度和多层次结构相互作用的多点立体观测体系。赤道轨道探测卫星（TC-1）和极轨探测卫星（TC-2）分别于 2003 年 12 月和 2004 年 7 月成功发射，几年来取得了大量的观测数据，并获得了不少新的发现。双星计划是我国第一个直接以空间科学探测为目标的卫星计划，也是第一次与欧洲空间局开展的大型国际合作。

（二）子午工程正式完成

1993 年，魏奉思等提出了沿 120° E 建设地面台站链，长期监测我国上空灾害性空间天气变化的设想。1994 年，王水、魏奉思等正式向中国科学院和科学技术部提交了实施子午工程重大科学工程的建议，1997 年得到了国家科技教育领导小组的批准。此项目应用地磁、无线电、光学、探空火箭等方法，在 120° E 子午链和 30° N 纬度链附近多个台站上开展了空间环境监测，同时建立起数据和信息系统及研究和预报系统。与空间卫星探测相结合，为了解灾害性空间天气的变化规律提供观测数据，提高我国空间天气预报能力和服务水平。此工程于 2005 年 8 月正式启动。在此基础上，将进一步开展国际合作，努力实施国际空间天气子午圈计划（空间天气战略计划建议调研组，2004）。

（三）日地空间环境观测研究等一系列网络建成

为了对日地空间环境进行实时监测，一系列空间环境研究网络相继建成。其中，包括中国科学院日地空间环境观测研究网络、中国地震局的中国大陆构造环境监测网络（简称陆态网）等。

日地空间环境观测研究网络以地球空间环境中涉及的磁层、电离层、中高层大气及地球磁场与重力场为主要观测研究对象，是日地空间物理学中十分重要的研究内容，同时与大气物理、固体地球物理、等离子体物理和无线电信息学等密切相关。日地空间环境观测研究网络台站分布在从我国最北的漠河到我国大陆南端的三亚，经过东亚电离层异常区域及蒙古地磁场异常区域，以及电离层赤道异常区域和电离层 SQ 电流体系转向区域，是观测与研究众多地球空间物理现象的"黄金链网"。该网络在观测手段上综合了磁层、电离层、中高层大气、地磁和重力等多个学科的观测手段，并以漠河、北京、武汉、合肥、海南和羊八井等观测站形式，构成我国大陆南北跨度最大、布局合理的沿120° 经线分布为主的观测网，以网络连接手段实现对我国空间环境的实时监测与分析，并提供高质量的空间环境观测数据。

陆态网是一个以全球卫星导航定位系统为主的国家级地球科学综合监测网络，是我国"九五"重大科学工程中地壳运动观测网络工程的延续，包括基准网、区域网、数据系统三大部分。陆态网可监测我国大陆岩石圈、近海、近地空间的物质结构和四维构造形态的变化，认知现今地壳运动和动力学的总体态势，以服务于地震预测预报为主，同时服务于军事测绘保障、大地测量和气象预报，兼顾科学研究、教育发展、社会减灾和经济建设。

（四）建成了一批重点实验室

我国已经建成了一批重点实验室，包括空间物理领域的空间天气学国家重点实验室（中国科学院空间科学与应用研究中心）、中国科学院近地空间环境重点实验室（中国科学技术大学）、中国科学院地球与行星物理重点实验室（前身是电离层空间环境重点实验室与地球深部研究重点实验室，中国科学院地质与地球物理研究所）、中高层大气实验室（武汉大学）；空间天文领域的粒子天体物理重点实验室（中国科学院高能物理研究所）、太阳活动重点实验室（中国科学院国家天文台）、月球与深空探测重点实验室（中国科学院国家天文台）；微重力科学领域的国家微重力实验室（中国科学院力学研究所）；航天医学领域的航天医学基础与应用国家重点实验室（中国航天员科研训练中心）等；各重点高校建设了一批空间科学相关院系和实验室，均具备较强研究实力。

二、正建设和规划的平台

中国科学院空间科学战略性先导科技专项旨在加深对宇宙和地球的理解，通过自主和国际合作科学卫星计划，寻找空间科学领域新发现，并取得新突破。在"十二五"期间，空间科学战略性先导科技专项部署了以下项目：硬 X 射线调制望远镜（HXMT）、量子科学实验卫星（QUESS）、暗物质粒子探测（DAMPE）卫星、实践十号（SJ-10）返回式科学实验卫星、夸父（KUAFU）计划、空间科学背景型号项目和空间科学预先研究项目。

同时，有关单位还根据科研和应用的需要，建设和更新了各种探测电离层、中高层大气和地磁的仪器设备，使我国地基观测能力提高到一个新的水平。2003 年我国正式启用北斗一号区域卫星导航定位系统（即北斗卫星导航试验系统），目前我国正在建设全球卫星导航系统，2020 年左右将形成由 30 颗以上卫星组网的全球卫星导航系统。

第五节　人才队伍情况

经过几十年的发展，我国已经拥有一支在国际上有重要影响力的空间天气科学研究队伍，为我国空间天气科学研究提供了良好的基础和人员队伍保证。

我国从事空间天气科学的研究力量主要分布在中国科学院的研究所和高等院校。已建设空间天气学国家重点实验室和相关的部委级重点实验室近 20 个，形成了由科研院所、高校、应用部门和社会公益机构等单位组成的较完整的学科研究系统，主要包括中国科学院（如各天文台、国家空间科学中心、地质与地球物理研究所、大气物理研究所、中国科学技术大学等），教育部（北京大学、南京大学、武汉大学、山东大学等高校），中国航天科技集团公司，工业和信息化部（如中国电波传播研究所、北京航空航天大学等），中国地震局，中国气象局，国家海洋局（如中国极地研究中心等），中国人民解放军总装备部，中国人民解放军总参谋部等，涉及几十家单位。从事空间天气科学研究及相关技术研究的骨干人员近千人，包括理论研究和数值模拟、实验研究和载荷研制、技术支撑和工程管理人员。其中院士十余人，国家杰出青年科学基金获得者、长江学者、百人计划学者、千人计划学者等近百名，正高职称人员数百名。他们大多数有长期在国外从事空间科学各领域工作的经历，在国际国内学术界联系广泛，注重研究国际最新情况，具备国际视野，在某些方向已经站在了学科发展的前沿。

第六节　存在的问题与政策措施

我国空间天气科学取得了长足的进步，但与国际先进国家相比尚有明显的差距，主要的问题和差距表现如下。

一、没有明确的主管空间科学发展的政府部门，空间天气探测缺少顶层设计

由于历史原因，空间天气的探测和研究涉及中国科学院、国家国防科技工业局、中国航天科工集团、科学技术部、教育部、国家自然科学基金委员会、工业和信息化部、中国地震局、中国气象局、国家海洋局等多个部门，尚缺少对该领域综合全盘考虑的权威国家级机构，"计"出多门，而实施起来却十分困难。

二、我国的空间天气研究缺乏稳定的支持经费和渠道

空间天气研究具备系统性、集成性、复杂性和创新性都很强的特点，其成果的获取往往需要多个环节的密切配合，包括地基研究、空间实验前期预研、空间实验、空间实验结果的后续研究等。因此，空间天气研究所需经费体量大，更需要稳定的经费和支持渠道。但是目前存在的状况是，一方面，对空间科学计划缺少常规稳定的经费支持，地基研究经费得不到长期稳定支持。在项目经费资助上，提供空间实验任务的部门只资助空间实验的经费，不负责其前期及后续经费的资助，地基研究经费依赖科技人员自行解决。这种支持模式给科研工作带来许多困难，降低了科研质量。另一方面，与空间科学计划相匹配的支持经费迟迟不能到位，重大的科学探测计划无法按期开展，这将造成最佳探测时机的错失，并导致无法实现预定的科学目标，如此造成即便科学家提出了先进的科学计划也无法按时实施的窘迫境地，这不仅严重挫伤了科学家和研究人员的积极性和工作热情，更重要的是，进一步拉大了我国与世界先进水平的差距，进而影响到相关技术领域的发展以至于国家的创新发展战略，其负面影响是多方面的。

三、独立自主的卫星监测能力落后

中国至今尚无专门的空间天气系列卫星计划，有效载荷研发水平与国际水平有较大差距，种类单一、精度较低、标定手段缺乏等，因此，中国的空间天气探测、研究与预报依据的卫星资料主要依赖国外。

四、专业人才不足

在国际上能引领学科发展的空间科学领域的领军人才还只出现在个别"突破点"，尚未形成"线"和"面"，整体研究实力还有待提高，特别是实验、探测技术人才紧缺。

可采用的政策措施如下：设立空间天气重大研究计划；加强基础平台建设，建立完善的天地一体化观测网络；建立国家级空间天气探测有效载荷中心；建立空间天气国家实验室；建立空间天气探测和实验卫星系列体系；建立空间天气发展的国家管理体制。

（汪毓明　王　水　张效信　宗秋刚　颜毅华　章　敏　等）

本章参考文献

国家自然科学基金委员会，中国科学院 . 2012. 未来 10 年中国学科发展战略：空间科学 . 北京：科学出版社 .

国家自然科学基金委员会 . 中国空间天气战略计划建议 . 2004. 北京：中国科学技术出版社 .

空间天气战略计划建议调研组 . 2004. 中国空间天气战略计划建议 . 北京：科学出版社 .

中国科学院空间科学项目中长期发展规划研究课题组 . 2008. 中国空间科学项目中长期发展规划（2010—2025）.

NRC Solar and Space Physics Survey Committee,Solar and Space Physics Survey Committee,National Research Council. The Sun to the Earth—and Beyond：A Decadal Research Strategy in Solar and Space Physics. Washington，D. C. ：The National Academies Press，2003.

第四章
空间天气科学的发展思路与发展方向

　　尽管在过去的几十年中，有关空间天气的科学研究已经取得了很大的进展，但学科发展依然面临挑战。制约学科发展的因素主要来源于主观和客观两个方面：一方面，是空间天气科学具有的交叉性与前沿性的特点；另一方面，我国的研究工作也存在着探测手段较为落后、自主获取数据的能力较弱的现状。分析学科发展的规律、趋势及面临的问题，针对国家和平利用空间战略的应用需求，确定我国空间天气学科发展的总体思路与途径，提出学科发展的总体目标及重点研究方向，将对学科未来的健康发展有所裨益。

第一节　关键科学问题

　　空间天气科学是一门新兴的交叉性很强的学科，同时具有理论复杂性和技术依赖性，这些特点也成为制约学科发展的因素。空间天气科学的关键科学问题涉及太阳物理、空间等离子体物理、空间环境预报、大气物理与化学等多个学科，至今尚有许多关键科学问题有待突破。分析凝练关键的科学问题，应对发展的制约，找到突破的关键，进而形成以下的总体发展思路，即促进前沿研究的原始性创新成果和实际应用与服务需求之间的有机结合；促进实验探测与基础及应用研究之间的有机结合；利用国际资源与自主创新研究的有机结合，实现我国空间天气科学学科与和平利用空间事业的跨越式发展。

一、制约学科发展的因素

　　影响人类技术系统的空间环境是和平利用空间的主要资源，其状态与变化是空间天气科学的主要研究对象。空间环境包含许多物理特性迥异的区域（或层次），总体上来说这是一个具有多层次、多尺度、相互作用、相互耦合的复杂系统。来自太阳的能量和物质，经过行星际向地球空间传输，形成能影响人类空间活动甚至地面系统的各种地球空间天气现象。

太阳的电磁辐射直接加热和电离地球的高层大气，形成热层和电离层，并驱动高层大气环流。太阳辐射的变化性直接导致地球电离层和热层的变化性，如27天周期（太阳旋转周）和11年周期（太阳活动周）的电离层热层变化。

太阳剧烈活动与爆发引起太阳风扰动，通过与地球磁层的相互作用，形成（地）磁暴、亚暴等磁层扰动，并通过太阳风-磁层-电离层/热层耦合系统，进一步影响到地球电离层与热层，引起电离层（热层）暴，产生包括极光在内的中高层大气剧烈的扰动现象。

地球低层大气吸收来自太阳的辐射能量，以重力波、潮汐和行星波等大气波动形式将能量和动量向上传递，进一步加热高层大气，影响高层大气环流，并与电离层等离子体发生耦合作用；潮汐等大气波动还在电离层底部（发电机区）通过发电机效应产生电场，该电场沿着倾斜的磁力线映射到整个电离层，导致电离层等离子体重新分布，产生包括赤道喷泉效应在内的电离层动力学和电动力学现象。

（一）我国空间环境探测能力的局限性

空间天气科学的研究区域涵盖了从太阳、行星际到地球空间乃至整个太阳系空间，其中的物理现象具有全球性和全局性的特征，物理过程之间相互联系，因此要求空间环境探测有非常高的空间覆盖性。另外，空间天气现象的时空尺度分布范围极广，因而要求空间环境探测有良好的时空分辨率和长期的连续性。

空间环境探测可以分为天基探测与地基探测两大类。目前我国的空间天气研究和应用所需的天基探测数据主要来源于国外的卫星探测，例如，国际上已经发射了30多颗太阳观测卫星，而我国迄今仍没有专门的太阳探测卫星，这导致了我国的太阳物理研究和太阳活动预报在很大程度上还依赖于国外的卫星探测。除了双星计划外，我国至今尚无实施进一步的科学探测计划，还没有专门用于探测研究太阳活动、行星际太阳风暴、地球电离层和中高层大气的科学卫星，更没有类似美国和欧洲实施的空间物理和空间环境系列卫星计划。在地基探测方面，美国和欧洲已经形成了天、地一体化的综合监测体系，用于监测日地系统的整体变化。我国的子午工程虽然大大推动了地基空间环境监测的发展，但与美国、欧洲相比缺少先进的大规模探测装置（如非相干散射雷达），且尚未形成完全覆盖我国国土广大区域的地基监测网。与发达国家相比，我国的空间天气监测能力相当薄弱，差距甚大。空间科学数据的共享和交流是学科发展的基础条件之一，但我国尚缺乏独立自主的空间环境综合监测体系，对国际空间天气科学数据积累的贡献甚微，也极大影响了我国原创性科研成果的取得与应用服务工作的开展。

我国卫星有效载荷研发水平与国际水平有较大差距，这是制约我国空间环境探测（特别是天基探测）能力提升的最重要因素。当前，我国有效载荷种类单一、精度较低且缺乏标定手段，远不能满足科学探测的需求。我国空间物理和空间环境探测、研究与预报依据的卫星资料主要依赖国外，尚不完全具备独立自主的监测与预报能力，长期存在着空间科学研究落后于航天技术发展的极为不平衡的局面。此外，实验、探测技术人才紧缺，特别是有效载荷研发和空间天气效应分析人才更是十分短缺，远不能满足空间天气探测发展的需求。

（二）相关物理过程的认识有待进一步提升

深入理解空间环境中的物理过程是和平利用空间的理论基础。等离子体是空间环境中最重要的物质形态，空间等离子体物理研究在空间环境及空间天气科学中具有决定性意义。

空间环境中的等离子体往往可看成是无碰撞的，远远偏离平衡态的。这种非平衡态下的等离子体可以激发不同类型的不稳定性，并产生各种等离子体波动，形成复杂的非线性等离子体物理现象。一些基本的等离子体物理过程，可能是不同空间环境中的一些宏观现象的共同起因。由于空间观测的局限，对这些基本等离子体物理过程的认识也有待进一步加深。例如，无碰撞磁重联过程被认为是影响空间环境中能量转换与传输的重要等离子体过程。最近的研究表明，无碰撞磁重联有着多层次结构：在离子扩散区内，由电子运动和离子运动的分离所产生的霍尔效应决定了无碰撞的磁重联结构，并控制着重联速度；与此同时，目前对电子扩散区性质的认识还很缺乏，对电子扩散区的研究则需结合数值模拟、卫星观测和地面实验室实验开展。美国国家航空航天局的磁层多尺度卫星计划（Magnetospheric Multiscale，MMS），主要的科学目标就是了解磁重联中电子扩散区的性质。该卫星于 2015 年 3 月成功发射,必将磁重联研究推向一个新高度。

正如上面提到的,空间等离子体的一个重要特征是它们通常不处于热力学平衡态,因而在特定的条件下,这些自由能会激发出多种不稳定性,引发各类等离子体波动。一般情况下,准线性的扩散过程将逐步消耗这些自由能。与此同时,另一些满足特定条件的粒子能够从波动中吸收能量,得到加速和加热。特定能量范围的粒子与不同的波动之间,以及波与粒子相互作用的形式也是多样的。各类电磁过程可以使能量在带电粒子与电磁场波动之间转换,粒子之间的能量交换也可以通过作为中介的各类波动过程进行,即通过波与粒子相互作用实现。这种波粒子相互作用不仅在地球的磁层,同时在日球层及宇宙等离子体的研究中都占据重要的地位。极区和内磁层是研究这类相互作用的重要区域。一般认为,波对粒子的作用可以使粒子扩散进入损失锥,最终造成环电流粒子和辐射带粒子在极区大气中的沉降;同时,波粒子相互作用也是辐射带电子形成与损失的主要原因之一。由于磁层等离子体的参数变化范围很大,其中可能的激发波的形式种类繁多,为了研究波和粒子的相互作用,需要同时对多波段的波动和粒子进行观测,但目前缺乏全面完整的空间观测(有限的空间探测时空覆盖及有限的探测精度等),也影响对波粒子相互作用过程的深入理解。由于存在重离子成分,使波和粒子相互作用的过程更为复杂。定量研究不同波模与粒子相互作用的效应,对空间天气建模具有重要意义。此外,现有的波粒子相互作用的理论多为线性和准线性的理论,波动发展到非线性阶段与粒子相互作用的特点尚需进一步研究。

二、有待突破的关键科学问题

空间天气科学来源于太阳物理、空间物理、空间环境等多个学科,因此,空间天气科学的关键科学问题涉及太阳物理与空间物理中的基本物理过程、空间环境的基本状态与变化的规律、太阳爆发驱动空间环境的过程与机制、空间环境变化性的预报理论,及空间环境对人类活动的影响过程与机制等多个方面。近年来,太阳物理、空间物理、空间环境等领域的学者聚焦于空间天气科学的探索,在上述科学问题的研究中取得了大量的突破性成果,大大推进了学科的成长与发展。与此同时,鉴于理论系统的复杂性及对技术发展的依赖性,空间天气科学依然有一些关键科学问题需要突破。其中主要包括:磁重联扩散区物理及其整体行为；太阳高能粒子的源区、传输及其进入地球空间系统的全过程；耀斑、日冕物质抛射及高能粒子的形成机制及其相互关联；由观测数据驱动的日冕物质抛射行星际传输的建模；地球空间天气响应全景图；地球的陆地、海洋、低层大气过程如何影响地球的中高层大气与电离层天气过程，及空间环境的局地与全球过程的关系等。

第二节　学科发展总体目标与途径

一、学科发展的总体目标

根据国家发展战略及学科发展趋势，必须大力提高空间探测能力，建设空间天气、天地一体观测平台；在对日地空间各区域物理过程的探索及对日地过程整体研究的基础上，深化对地球空间环境的认识，揭示影响空间天气相关区域的耦合机制；建立较完整的空间环境应用模式，并发展基于物理过程的空间天气数值模式，实现或基本实现对重点区域空间天气的预报与警报过程，提供减轻和避免空间重大灾害危害国家安全的保障能力；开拓空间天气对人类活动影响的机制研究，提升对空间环境效应与空间天气灾害的评估水平，为我国有效和平利用空间、实现可持续发展提供科学保障与支撑，为人类对空间认知和利用空间做出贡献，基本满足国家在和平利用空间战略中的巨大需求。

学科发展的总体目标是，力争用 10 年左右的时间，实现我国空间天气科学研究进入世界先进国家之列的跨越发展。主要包括：建设有中国特色的空间天气天地一体化的监测体系，力求在监测的概念、原理、技术、方法及多学科交叉的组合与布局上有重要创新；构建日地系统空间天气连锁变化过程的理论体系，在科学前沿取得有重要原始创新意义的突破；提升空间天气科学空间天气事件的集成建模与预报的科学化、规范化、信息化水平，为应对空间天气灾害、保障空间活动安全做出重要贡献；在空间天气科学与应用服务领域建设3～5 个有重要国际影响力的实验室或人才基地；增强空间天气服务国家和平利用空间新需求及助力开拓战略经济新领域的能力，为提供经济社会发展新增量做出积极贡献；积极参与和（或）牵头实施有关空间天气的国际计划，提升中国的国际影响力，尽一份中国科学家应有的担当与责任。

二、学科发展途径

（一）观测与研究并举，提高对空间天气过程的认知能力

地基监测能连续获取局域高精度高时空分辨率的空间环境参数，是空间环境监测不可或缺的基础。要以天地一体化的空间环境综合监测体系为基础，构建我国高空大气和近地空间的无缝隙监测体系；建立我国近地空间的精确、可靠、时变、可快速更新的中高层大气、电离层及电磁环境等的数字化模式。

（二）加强与应用需求结合，提高空间天气预报能力

深化对地球空间环境基本特征的认识，揭示相关区域的耦合机制；取得有重要国际影响的自主原创的新成果，发展基于物理过程的空间天气数值模式；在完善和优化已有的分区模型包括太阳活动、日冕、行星际、磁层、电离层、热层大气等模式的基础上，发展具有业务应用能力的空间天气预报模式，并具备针对特定区域，为特定对象提供定制的预报服务能力。

（三）注重分析各类因素的综合影响，提高空间天气服务能力

空间天气对航天活动多方面的影响已开展了许多研究，诸如卫星表面带电、单粒子事件、材料剥蚀及退化、轨道阻力效应等，并在此基础上采取了一定的防护措施。然而，空间天气扰动的各种因素常常是综合的，各类效应的叠加效应迄今缺乏综合研究。此外，在理论研究的同时，还需建立地基和天基的实验平台，对各类因素的综合影响开展研究，使防护措施建立在综合各类因素基础之上。

随着现代无线电导航定位技术性能及地球科学研究与应用要求的不断提高，空间天气效应已成为卫星无线电精密测量中一个重要的制约因素。在电波传播方面，磁暴期间的电离层扰动在我国常表现出特殊形态，这一问题涉及电网安全、电离层突然骚扰现报技术和短期预报方法等。不仅要求继续提升对电离层天气影响的处理水平，还需要进一步研究磁层天气效应及重力场等因素共同作用下的精准效应，以提高服务与应对能力。

三、促进新的学科生长点的形成

（一）临近空间的认知与应用

临近空间处于稠密大气层到稀薄大气太空层的过渡区，是天基卫星平台和航空飞机平台之间的地球大气空域，复杂的状态变化和动力学扰动直接影响临近空间飞行器安全、航空航天活动和无线信息传输等，具有独特的优势和战略价值。长期以来，临近空间没有像中低空（对流层）和太空那样得到充分重视和应用，对其认识、研究和应用相对落后。临近空间飞行器是临近空间装备体系的基础和关键，主要集中于浮空飞行器、高空无人机和高速飞行器等研究领域。由于这些空间飞行器的技术途径不同、发展目标不同，对临近空间环境保障的需求既有共性，也有各自鲜明的特点，具有复杂性和多变性。因此，临近空间应用的发展对临近空间环境的监测、研究、建模都提出了新的要求。临近空间环境同样涉及与日地关系、气象变化相关的复杂大气现象，其中牵涉的实质性问题大都是与中高层大气各圈层的动力耦合有关。了解各大气圈层（平流层、中间层和低热层）之间动力耦合的状态及其效应，对于开展安全、可靠和高效的航空航天活动有着重要的作用。大气温度、风场和密度的区域和全球长期探测数据对于研究临近空间大气能量和动量的预算、大气环流、结构和变化具有重要意义，同时也将推动提高空间天气预报的精度。

（二）人工影响空间环境

与气象学中的人工影响天气过程类似，利用人工方法有意识地、主动地、可控制地把能量或物质注入空间，从而改变空间局部等离子体状态参数或大气动力学参数，形成新的局部空间环境和局部空间天气状态，称为人工扰动空间环境，如电离层高频加热与化学释放、人工影响辐射带等。人工扰动空间环境是空间环境利用技术的重要基石，对国防安全和保障航天活动有着重要意义。人工扰动空间环境有助于理解地球磁层、电离层等空间环境中的一些重要的和关键的物理过程，并可能发现新的空间天气现象。此外，人工影响空间环境对了解灾害性空间天气变化规律、获取原创性科学发现、解决空间天气科学研究中的一些关键问题有着积极和重要的科学价值。

电离层高频加热研究将无线电波和电离层介质作为一个相互作用系统，尤其强调大功率电波对介质特性的改变及其可能产生的有关效应；注重理解和发现电离层中发生的过程和现象，如波粒相互作用的非线性过程、电离层参量改变所造成的结构变化、微观吸收机制与宏观等离子体输运过程间的相互影响等。同时通过人工影响电离层，主动地改变局部电离层等离子体环境，不仅有助于理解和发现电离层中新的物理过程和新现象，在实际应用中也具有重要意义和明显价值。此外，对其中有关过程的理解也是空间战略防御系统先期设计的基础，可以直接服务于国防和航天需要（图 4-1）。

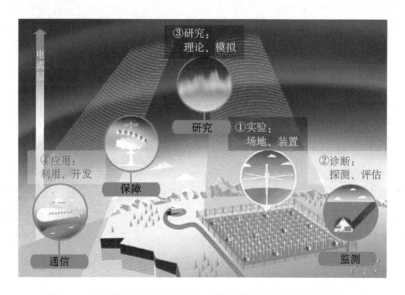

图4-1　人工影响空间环境（电离层加热）所涉及的各个方面

辐射带是近地空间最严重的辐射环境，绝大多数人造卫星都运行在此空间范围内，在辐射带高能带电粒子环境剧烈变化期间，大量的民用卫星失效，表明其危害性很严重。研究人工影响辐射带，控制辐射带带电粒子的时空变化，在科学研究和工程应用方面均有重大意义。在科学研究方面，人工干预辐射带为进一步了解辐射带粒子产生、损失和加速等机制提供了完美的实验手段；在工程应用方面，人工干预辐射带既可以为减灾服务，也可以作为空间攻防的一种手段。目前主要的人工干预辐射带方式主要是产生人工辐射带和辐射带粒子清除。高空核爆是产生人工辐射带最有效的方法。此外，利用电离层加热产生的甚低频（VLF）波与辐射带高能粒子的波粒相互作用，可以使辐射带粒子沉降到高层大气而损失掉，也可以通过星载甚低频波发射装置和地基雷达发射来研究人工清除辐射带粒子的过程。

（三）行星（太阳系）空间天气

　　源于太阳表面的电磁辐射可到达太阳系中的任意天体。太阳大气（日冕）携带着太阳磁场持续不断地向外膨胀，形成自太阳向外以超音速运动的太阳风等离子体流，也可以到达太阳系中的天体。对于行星地球来说，日地行星际空间是太阳向地球输运能量、动量和质量的传输通道，它像一条纽带把太阳和地球空间密切地联系起来，是日地系统相互耦合链上非常重要的一环。20 世纪 50 年代末以后，人类相继向月球、金星、火星、水星、木星及其卫星、土星及其卫星及其他的小行星、彗星等太阳系天体发射了各种探测器，新的发现接踵而至，使我们对这些行星、卫星的大气、电离层、磁层和磁场等方面有了一定程度的了解。随着宇宙航行时代的到来，行星空间物理学及比较行星空间环境已成为当代科学研究的活跃领域之一。

　　在太阳风作用下，行星磁场（内禀磁场或感应磁场）被限制在一定的区域，这个区域称为行星磁层。磁层内充满等离子体，其物理性质和过程受所在行星的磁场支配。现已发现水星、地球和木星有内禀磁场和磁层，水星的磁层很像地球的磁层，不过规模较小。木星有更强的、结构更复杂的磁层，同地球磁层差别较大。目前，国际上行星空间物理的前沿科学问题包括太阳风与磁化行星的相互作用、太阳风与非磁化行星的相互作用、比较行星学的研究等。

　　火星和金星是两颗没有内禀磁场的重要行星，但它们都有大气层，并在太阳辐射作用下形成各自的行星电离层。太阳风与火星相互作用能够造成行星离子的损失，但损失机制目前尚不完全清楚。相应的研究包括：火星磁层的向阳面磁层顶及舷激波、磁尾、内禀磁矩及火星电离层的结构；太阳风与金星大气的相互作用，包括金星感应磁场的分布和变化，等离子体的主要分布区域和物理特性，金星等离子体边界层的形成、大小及其动力学过程等；金星顶部电离层等离子体（氧离子）的变化特性，以及金星大气与闪电特性等。

　　未来我国行星（太阳系）空间天气的重点研究方向应包括：太阳风三维结构、太阳爆发在行星际空间的传播和演化、日冕－行星际－地球空间耦合的数值模式等；针对火星和金星等国内正在开展的深空探测的重要目标，开展火星和金星的电离层／热层耦合系统模式的开发和模拟等。

（四）地面／大气过程与空间天气的关联研究

　　电离层与低层大气的耦合过程主要有光化学、静电和电磁及动力学过程，这些过程之间是相互影响的。在对流层、平流层和中间层大气中，存在着丰富的波动现象，主要包括各种尺度的重力波、大气潮汐波及行星波。电离层和热层对这些波动具有明显的响应，其中声重波是能量、动量从低层向高层大气的传递渠道。火山、台风、龙卷风、寒潮、地震、海啸、雷暴等在低层大气中产生的扰动能够以声重波的形式向上传播到电离层高度，并对电离层中的动力学过程产生明显影响，下层大气中的行星波之间及与背景的非线性相互作用，造成平流层突然增温，会对电离层和热层产生强烈的扰动，使电离层中产生各种尺度的扰动以及不规则结构，引起电离层电子密度的闪烁等。

热层大气存在周期性的膨胀与收缩，受太阳活动的调制，最为明显的是 11 年周期的变化。在太阳活动峰年，温度和密度明显升高的热层大气出现膨胀；相反，在太阳活动低峰年，热层大气温度降低并出现收缩。热层中二氧化碳等化学成分的变化也可能影响热层大气的膨胀和收缩过程。

银河宇宙线、太阳宇宙线及磁层辐射带高能带电粒子注入地球大气层，进而改变中低层大气状态。太阳风粒子的扰动会影响极区大气的电势。银河宇宙线通量变化主要影响超细气溶胶层和大气电参数，太阳宇宙线及磁层沉降的高能粒子的通量变化主要改变大气的垂直电流，从而影响云的微物理结构，并在宏观尺度上间接改变大气温度、压力、气旋和辐射平衡。

随着研究的深入，人们日益认识到太阳剧烈活动产生的能量主要通过极区上空沉积在极区高层和中高层大气，来自底部人类活动的影响也会体现在极区大气和空间环境中。对这些日地系统不同圈层之间耦合过程的认识和理解，将有助于人类有效地应对全球气候变化。

第三节　学科的重点发展方向

太阳是日地系统的主要能源和扰动源，其各种活动和爆发过程直接影响到整个系统的状态。日冕和行星际空间充满着稀薄等离子体，各种等离子体物理过程和行星际磁场起着重要作用。地球磁场和地球内部的活动也制约着空间环境的变化，地球磁层基本上由完全电离的等离子体组成，其形态主要由地球磁场和太阳风所支配，同时受到太阳活动的影响。电离层则由部分电离的等离子体组成，太阳辐射、地球磁场和引力场共同对其起主导作用。中高层大气及低层大气以中性成分为主，也存在许多电磁过程和化学反应，同时涉及固体、液体、气体和等离子体之间的相互作用。

空间天气科学研究的重点发展方向将主要集中在对空间环境特征规律认知能力的提升和对空间环境和平利用能力的提升两个方面，即开展有关空间天气的天基、地基探测新概念、新原理、新技术与新方法的探索研究；发展高时空分辨率、多波段的太阳活动观测，把太阳活动放在太阳大气耦合系统中研究其发生、发展和释放的全过程，揭示空间天气驱动源之谜；发展以观测数据驱动的、以综合基本物理过程为基础的日冕物质抛射行星际空间传输过程及和地球、磁层、行星大气相互作用过程的数值建模，描绘日球层空间天气图；发展日地系统空间天气事件的全链路集成的数值预报模式，描绘太阳风暴吹袭地球时地球系统空间天气响应变化的全景图；把太阳、行星际、地球磁层、电离层、大气层（热层、临近空间和低层大气）及陆地和海洋作为一个大耦合系统来了解地球天气/气候与空间天气/气候间的关系；加强空间天气科学服务有效和平利用空间水平，开拓空间战略经济新领域的研究。

一、对空间环境特征规律认知能力的提升

空间和平利用的前提是对空间环境完整全面的认识。因此，必须在对空间环境加大探测深度和广度的基础上，加深对空间环境基本物理过程及耦合过程的理解。

（一）空间环境基本物理过程的理解

为了了解灾害性空间天气过程的发生机理及其演化特征，必须对有关的基本物理过程开展系统的研究，一些重要过程可能是在不同区域产生的重大现象的共同起因，如磁场重联可能是导致太阳耀斑、日冕物质抛射、磁层亚暴、磁层顶通量传输事件等重要爆发现象的共同机制，又如粒子加速和加热机制，涉及日冕加热、太阳风加速、太阳高能粒子事件、辐射带能量粒子、极光粒子沉降等众多空间天气问题。为了进一步推动空间天气研究的发展，有必要对这些重大的前沿基本物理过程开展深入系统的研究。

在空间环境基本物理过程的理解中，主要有下面4个研究方向。

1. 方向一：带电粒子加速加热及与波动的相互作用

一般认为几千千米以上地球磁层的等离子体都是无碰撞等离子体。其中能量交换都是通过各类波动过程作为中介进行的，即通过波与粒子相互作用实现的。这种波与粒子相互作用不仅在地球空间，同时在日球层及宇宙等离子体的研究中都占据重要的地位。带电粒子加速和等离子体加热是空间等离子体中能量传输和转换的重要方式，也是产生灾害空间天气的重要因素。太阳耀斑和日冕物质抛射都能加速高能粒子，并产生太阳高能粒子事件；进入地球磁层的高能粒子，形成所谓的太阳质子事件，常常会引起卫星的重大危害。空间等离子体往往处于非热力学平衡，粒子速度分布偏离麦克斯韦分布，其中储存的自由能将产生各种不稳定性，并激发多种等离子体波动。观测资料表明，在日地空间中存在着多种形式的波动。同时，通过波与粒相互作用，波动能量又可以传输给带电粒子，导致粒子加热和加速。此外，磁层亚暴和磁暴期间带电粒子的加速是辐射带和环电流粒子的重要起源。研究这些基本的物理过程，将有助于认识发生发展的规律，并为预测其发生与效应奠定基础。

为了研究波与粒子的相互作用，需要同时对多波段的波动和粒子进行观测，但目前缺乏全面完整的空间观测（有限的空间探测时空覆盖及有限的探测精度等），影响对波与粒子相互作用过程的深入理解。同时，定量研究不同波模与粒子相互作用的效应，对空间天气建模具有重要意义。此外，现有的波粒子相互作用的理论多为线性和准线性的理论，波动发展到非线性阶段与粒子相互作用的特点尚需进一步研究。波与粒子相互作用的一个重要应用问题是有关辐射带电子的加速与损失问题，波与粒相互作用已被确定为辐射带粒子能量获取与损失的主要机制。辐射带电子的观测已经证实局地波粒相互作用对电子的加速可能会控制着辐射带电子的径向输运及扩散。

相应的研究内容包括：地球辐射带中相对论电子的产生、加速和演化的过程，地磁暴时辐射带中激发的哨声波对高能电子的随机加热和加速，内磁层甚低频（VLF）和极低频（ULF）波的激发和时空分布，径向扩散和投掷角散射等过程对磁层中粒子行为的影响，瞬时质子带的形成和消失机制和过程等。

2. 方向二：磁场重联相关科学问题的观测与模拟研究

磁场重联是空间等离子体物理学中一个十分重要的研究课题，它与空间天气中的许多爆发现象密切相关。通过磁场重联，磁场的拓扑位形发生重大改变，磁能可以转化为等离子体的动能和热能，引起带电粒子加速和加热，进而又可以激发各种波动，产生一系列丰富的空间物理现象。在某些情况下，等离子体能量或电场能量又可转化为磁能，导致磁通量的增长。半个世纪以来，人们对磁场重联开展了大量的观测、实验、理论和模拟研究，但是许多重要问题至今尚未解决，触发和控制磁场重联的基本物理过程还未能完全搞清楚；对伴随磁场重联的一些等离子体动力学过程，则了解得更少。例如，近年来通过分析卫星观测资料发现磁场重联伴随有哨声波及其他类型的电磁波，但重联和这些波动之间的因果关系，尚需进一步开展研究。又如，三维磁场重联过程越来越引起人们的注意，且由卫星观测资料初步给出了地球磁尾中存在磁场重联磁零点的证据。三维磁场重联结构与二维情况有着很大的不同，这方面的研究正在努力进行之中。

相应的研究内容包括：磁场重联三维结构的探测、诊断、理论和模拟，包括磁场重联的实验室研究，伴随磁场重联的等离子体物理现象的诊断方式，新的三维磁场重联理论模型；有关磁场重联的磁流体（MHD）模拟、霍尔磁流体（Hall MHD）模拟、混合模拟和全粒子模拟；重联区多层次结构中电子和离子的动力学行为伴随磁场重联的各种波动（阿尔文波、哨声波、低混杂波、静电孤立波、激波等）的激发机制，以及波动对磁场重联的影响；磁场重联与耀斑触发和日冕物质抛射的统一模型，太阳光球层、色球层和过渡区中的磁场重联及其对太阳活动现象的影响等。

3. 方向三：无碰撞激波关键科学问题研究

无碰撞激波（行星际激波、地球弓激波、日球层激波等）是宇宙和空间等离子体的独特现象。由于日地空间大部分区域中等离子体十分稀薄，粒子之间的碰撞效应往往可以略去，空间等离子体的无碰撞特性与多种波动模式相结合，即可产生许多不同类型的无碰撞激波。卫星和飞船观测资料已经证实了空间等离子体中无碰撞激波的存在，并收集了许多观测资料，大大丰富了等离子体非线性波动研究的成果。根据激波法线与磁场夹角的大小，可将无碰撞激波分为准平行激波和准垂直激波；根据马赫数的大小，又可分为低马赫数激波和高马赫激波。目前已对以上几类激波开展了大量的理论和模拟研究。另外，无碰撞激波是一种重要的粒子加速和加热机制。例如，现在一般认为日冕物质抛射驱动的激波对太阳Ⅱ型射电暴和太阳高能粒子事件有着直接的影响。但是，由于受到数值方法和计算条件的限制，目前对无碰撞激波的三维结构还了解得很少，激波加速和加热带电粒子的物理过程还有待深入研究。

相应的研究内容包括：无碰撞激波的结构、形成、演化和重构及对带电粒子的加速；行星际激波、地球弓激波和日球层激波三维结构的探测，行星际激波的形成和传播特性，以及准平行和准垂直无碰撞激波的演化和重构过程的数值模拟；无碰撞激波处带电粒子的运动特征，带电粒子被激波加速的物理机制，带电粒子在激波处的反射和多次穿越激波的加速过程；日冕物质抛射驱动激波的形成过程及其特性的模拟研究，日冕物质抛射驱动激波强度的观测诊断，日冕物质抛射激波与太阳高能粒子事件的关系和对太阳射电 Ⅱ 型暴的贡献等。

4. 方向四：等离子体和中性成分相互作用过程研究

虽然绝大部分空间等离子体可视为完全电离的，但在部分区域（如太阳光球层、色球层和过渡区、地球电离层等），中性成分仍占很大的比重，必须考虑到等离子体和中性成分之间的相互作用。离子与中性原子之间可以产生电荷交换，需要建立起部分电离等离子体的电动力学理论，讨论多元（含电子、离子、中性粒子）成分之间的能量和动量传输过程及各种波动的激发机制和传播特征。即使在可视为完全电离的太阳和空间等离子体中，仍存在少量来自星际空间或彗星的中性粒子和尘埃粒子，它们也会与带电粒子相互作用，产生一些新的物理现象，如离子拾起（pick up）加速过程。

相应的研究内容包括：电磁波在非均匀色散介质中的传播规律、电离层不稳定性和不均匀结构、中高层大气不稳定性及波波相互作用、空间与大气过渡区域的行为及其强迫机制等。

（二）从系统整体出发研究不同圈层的耦合过程

从日地系统的整体出发，以不同圈层耦合过程为突破口，通过理论分析、数值模拟、数据分析、综合集成等研究手段，揭示空间环境的物理过程和变化规律、关键过程和驱动机制，辨识日地系统不同圈层相互作用和非线性响应机制，探讨空间天气和空间气候的可预报性。

在空间环境耦合机制的认知中，主要有以下 5 个研究方向。

1. 方向一：爆发性空间天气源头及传输过程

太阳耀斑是太阳表面最剧烈的活动现象之一。随着对耀斑的观测从早期的单一波段发展成全波段，对耀斑物理机制的认识也在逐步发展。现在比较公认的物理图像是，耀斑产生于磁重联，耀斑中被加速的高能电子向下轰击低层大气，产生硬 X 射线，向上的电子可以产生射电暴，耀斑是太阳高能粒子事件的可能来源等。近年来对太阳耀斑的研究可以概括成如下几个方面：耀斑高能辐射和磁重联的观测证据；与耀斑相关的磁场变化；耀斑多波段诊断；耀斑大气的加热和动力学；耀斑"地震波"；耀斑的磁流体数值模拟等。

日冕物质抛射是太阳系中最为猛烈的物质抛射和能量转换过程，也是最为剧烈的爆发过程。在此过程中，大量的高温物质和磁场被抛入行星际空间，对其中的物理环境和物理条件产生巨大的影响。尤其是对地的日冕物质抛射事件，等离子体和磁通量可能最终到达地球，并对地球周围的空间环境状况（也称为空间天气）造成强烈扰动。太阳爆发的主要特征在于其突发性：在极短的时间内释放出巨大的能量。而驱动日冕物质抛射爆发的能量来自于日冕当中的磁场。由于日冕本身不会产生能量，这些能量最终来自于光球及光球以下的对流层。

太阳活动所释放的巨大能量和抛出的大量物质通过日冕、行星际传输到近地空间，最终在地球空间（磁层、电离层和中高层大气）中进一步传输和耗散。建立空间天气因果链模式并发展相应的预报模式和方法，是空间环境及其耦合过程模式化的重要组成部分。太阳风暴的日冕过程研究对于整个日地系统空间天气过程而言具有决定其发生、发展的初边值意义；而太阳风暴的行星际过程研究具有重要的桥梁和纽带作用，把空间天气变化源头的输出信息——"因"与地球空间系统的空间天气最终的响应变化——"果"连接起来。

研究内容如下。在太阳耀斑研究方面，拟拓展研究领域和深度，包括活动区的三维磁场结构，与耀斑爆发相关联的磁场变化及它们之间的因果关系；在不同波段（包括射电、光学、X射线）上观测耀斑的精细结构；通过辐射动力学模拟、磁流体力学模拟、粒子模拟等方法研究耀斑的能量释放和传输、粒子加速、动力学演化、白光耀斑和日球"地震波"的起源等课题。在日冕物质抛射研究方面，继续通过解析、数值模拟等方法研究日冕物质抛射爆发的机制、日冕物质抛射与太阳耀斑的联系，研究磁重联时电流片的观测特征，特别是将太阳爆发的理论模型推广到不同天体的爆发现象中。充分利用我国将要建成的射电日像仪，开展耀斑和日冕物质抛射的观测和研究。深入理解日冕物质抛射和激波等日冕行星际大尺度等离子体结构扰动的形成和演化规律及内在的物理机制；建立基于观测的日冕物质抛射触发、日冕物质抛射/磁云的对地有效性、激波强度等的初步理论模型或经验预报模式。

2.方向二：能量输入储存方式与耗散过程

由于地球磁场的作用，太阳风能量进入地球磁层后沿着磁力线输运到南北极区电离层，这一太阳风－磁层－电离层－中高层大气耦合作用在极区最为集中和明显，表现为一系列重要的地球物理现象，诸如极光、地磁扰动、极区电离层对流与吸收、中层大气加热和电离等。在磁暴、磁层亚暴、电离层暴、极盖吸收等空间天气事件中，这些表现更加突出。作为地球大气层和近地空间最活跃的部分之一，极区电离层与中低层大气有较强的耦合作用，对全球变化有着灵敏的响应和显著的反馈。研究极区电离层/高空大气有助于整体理解太阳风－磁层－电离层－高层大气－中低层大气的相互作用和在全球变化中的作用，并对空间天气的监测、建模和预报服务有潜在的应用价值。

太阳风能量通过某种机制进入地球磁层，并以磁场的形式储存在磁尾的尾瓣区，在特定的条件下这些能量会通过磁尾等离子体片中的磁场重联释放出来。磁层能量的传输过程主要发生在磁尾等离子体片，磁场重联产生的能量以粒子动能和电磁能的形式从夜侧磁尾磁场重联区向地球传播。当这些能量传播到近地磁尾等离子体片时，会驱动磁层磁暴、亚暴以及伴随磁层亚暴和磁暴的粒子暴。

研究内容如下。磁尾能量的释放与磁场重联的触发，波动在磁场重联中的作用。磁尾能量的地向输运方式以及能量在电离层和中高层大气中的消耗。太阳风－磁层－极区电离层－中高层大气在极区的能量相互作用耦合过程；磁层边界层结构及其动力学过程在极区电离层的效应，极区中高层大气的状态与动力学过程及其与极区电离层和低层大气的耦合、与中低纬的耦合等。

3. 方向三：不同圈层空间天气的耦合过程

空间环境包含许多区域，是一个耦合的复杂系统。来自太阳的能量和物质，经过行星际传向地球空间，形成能影响人类空间活动甚至地面系统的各种地球空间环境现象。太阳风能量通过某种机制进入地球磁层，驱动磁层等离子体持续不断地经历着大尺度的对流运动，磁层－电离层－热层是等离子体与中性气体共存、彼此紧密耦合的复杂系统，是太阳剧烈活动引起灾害性空间天气的主要发生区域。该区域的物理环境对于人类航天活动的安全及导航/通信系统的正常运行至关重要。不同圈层系统通过能量、动量、质量耦合成为一个密不可分的整体。

来自太阳的电磁辐射直接加热并电离地球高层大气，形成地球热层和电离层，并驱动高层大气环流。太阳活动与太阳爆发引起的太阳风扰动，通过与地球磁层相互作用，形成地磁暴、亚暴等磁层扰动，并通过太阳风－磁层－电离层耦合系统，进一步影响到地球电离层与热层，引起电离层暴，产生包括极光在内的中高层大气的剧烈扰动现象。此外，地球低层大气吸收来自太阳的辐射能量，以重力波、潮汐和行星波等波动形式将能量和动量向上传递，进一步加热高层大气，影响高层大气环流，拖曳电离层等离子体运动并与之发生耦合作用。潮汐等大气波动还在电离层底部（发电机区）通过发电机效应产生电场，该电场沿着倾斜的磁力线映射到整个电离层，导致电离层等离子体重新分布，产生包括赤道喷泉效应在内的电离层动力学和电动力学现象。

研究内容如下。结合卫星观测数据和数值模拟，探讨不同行星际条件下磁层的大尺度三维位形和结构。行星际激波、间断面和压力脉冲等太阳风扰动与弓形激波的碰撞过程，相互作用后的各种扰动及在磁鞘区的传播、演化，最终影响磁层的全球动力学过程，行星际－磁层－电离层系统大尺度电流体系对行星际扰动的响应过程和变化规律。磁层电离层系统的质量耦合和电动力学耦合，包括电离层上行粒子流的源区特征、上行路径，关键加速机制及其作用区，及其对磁层动力学过程（磁暴等）的影响，暴时等离子体层拓扑形态的剧烈变化与机理，电离层（热层）暴的行星际－磁层驱动以及全球扰动特征，磁层电离层系统对行星际和低层大气输入的响应等。

4. 方向四：低纬电离层的物理过程

低纬度电离层中存在着复杂的扰动现象，会产生电离层不规则体，对卫星通信、导航、定位和空间飞行等所用信号的传输产生严重影响，有时可导致系统失效。但由于其复杂性及探测仪器的局限性，目前还不能清楚认识电离层不规则体的特性及其物理机制。有研究表明，渗透电场和屏蔽电场及大气声重力波引起的各种电离层扰动对低纬度电离层不规则体的发生和发展起着重要的作用。电离层闪烁主要发生在极区和低纬度地区，而低纬度地区是电离层扰动的主要区域之一。我国的低纬度地区，包括我国广阔的南部海域，是保障我国国防安全的重要防区。开展低纬地区电离层不规则体和 GPS 闪烁（等离子体泡）特性研究，探讨其物理机制和影响因素，理解和认识低纬度电离层不规则体的发生和发展变化特性，不仅具有重要的科学意义，而且对于发展电离层闪烁的预报模式研究，对通信、空间飞行和航天活动保障也具有重要的应用价值。

研究内容如下。全球尺度的电离层和热层的暴时变化过程，包括热层大气密度扰动、热层大气环流变化及电离层电子浓度的扰动等暴变过程，以及各种暴变过程的关联机制。暴时大尺度大气波动及其传播过程，暴时高纬/赤道电场渗透，以及相应的赤道电离层的暴时响应，不同纬度地区电离层不规则体的分类，低纬度电离层不规则体的特性、与电离层闪烁的关系；电离层不规则体的物理机制和模式，特别是暴时电离层不均匀体与电离层闪烁的形成过程等。

5. 方向五：中高层大气与低层大气的耦合过程及气候变化

随着研究的深入，人们日益认识到太阳剧烈活动产生的能量主要通过极区上空沉积在极区高层和中高层大气，来自底部人类活动的影响也会体现在极区大气和空间环境中。对这些日地系统不同圈层之间耦合过程的认识和理解，将有助于人类有效地应对全球气候变化。

研究内容如下。热层大气对太阳活动和地磁活动的响应；低层大气波动和太阳、地磁活动引起电离层／热层扰动效率的定量化统计和模拟，扰动的驱动源及其演化特征，中高层大气中瞬态行星波时空特征及其与相同周期太阳、地磁活动间的关系。太阳活动性的长周期变化与气候变化的关联；剧烈太阳活动释放的高能粒子和电磁波辐射所携带的能量如何影响大气物理和化学过程。温室气体浓度在低层大气中的增加导致的对流层升温，中层大气和高层大气降温引起的整个热层系列变化等。

（三）日地系统空间天气事件模式化表达

空间环境模式是定量研究和预测空间环境的主要手段之一。空间环境模式是利用有限区域的数据了解整个空间全貌不可或缺的工具，是对空间天气过程进行定量化描述、揭示关键物理过程和规律的必由之路。空间环境模式所提供的空间环境的背景要素是进行航天器空间环境防护辅助设计的重要依据，是实现定量、精细化空间天气预报的重要基础。

在空间环境及其耦合过程模式化表达中主要有下述两个研究方向。

1. 方向一：空间天气区域建模及全球空间天气集成模式

日地系统的太阳日冕、行星际、地球空间（磁层、电离层和中高层大气）的物理结构和动力学过程的复杂性，使得传统的理论分析变得非常困难，进行大规模计算的数值模拟方法成为攻克这一世界难题最有效的途径，而随着高性能计算的迅猛发展，实现这一途径的技术条件业已成熟。

空间天气研究领域覆盖了太阳大气、行星际空间和地球空间（磁层、电离层和中高层大气）等领域。涉及诸多物理性质不同的空间区域，如中性成分（中高层大气）、电离成分为主（电离层）、接近完全电离化和无碰撞的等离子体（磁层和行星际），以及宏观与微观多种非线性过程和激变过程，如日冕物质抛射的传播、激波传播、磁场重联、电离与复合、电离成分与中性成分的耦合、重力波、潮汐波、行星波、上下层大气间的动力耦合等。经过几十年的发展，从太阳大气、行星际空间到地球空间的不同空间区域都已经研发出成熟度不同的各种物理或经验模式，包括太阳活动预报模式、日冕和行星际模式、磁层模式、内磁层（环电流、辐射带）模式、电离层（热层）模式、中高层大气模式等。空间天气集成建模作为空间天气研究和应用的核心内容，将相互交织、相互耦合的不同空间区域的过程、不同的空间天气事件作为一个有机链整体进行，它可以研究空间天气系统中的各种宏观与微观交织的、具有不同物理性质的空间层次间的耦合过程，从而了解灾害性空间天气的变化规律，为空间天气预报奠定基础。

研究内容包括如下。高纬地区电离层－热层－磁层耦合模式研究；电离层－热层－等离子体层耦合数据同化模式；热层大气密度变化特征及建模研究；电离层电波传播参量建模研究等开展空间天气物理集成模式研究，包括日冕模型、行星际模型、磁层模型、电离层／热层大气模型之间的接口模型和相互耦合的物理过程和建模。建立太阳活动、行星际、磁层、电离层、中高层大气中关键空间天气要素的预报和警报模式。构建空间天气因果链综合模式的理论框架，发展有物理联系的系统模型，发展基于物理规律的第一代空间天气集成模式。

2.方向二：空间环境关键参数和过程的监测及数据融合

近几十年来，基于精确理论模式和多源观测融合的数据同化技术获得了长足发展。近年来，观测数据的急剧增多，相关经验、理论模式的日臻完善，空间天气需求的日益增长及计算技术的飞速发展，使得基于模式和观测融合的数据同化实现对近地空间天气变化的描述、现报和预报成为可能，同时弥补了观测手段的不足，为理解发生在该复杂和开放系统中的物理过程提供了途径。由于电离层受到外界和背景大气及电动力学等众多因素的驱动，对电离层、热层、等离子体层区域的整体现报和预报需要利用全耦合理论模式。通过积累电离层、热层、等离子层领域各观测手段观测参量的处理方法等，达到主要参量最优化，实现精确现报和短期预报目标。

研究内容如下。电离层－等离子体层整体行为的系统模拟；来自太阳辐射、磁层能量注入、低层大气上传影响致电离层（热层）系统可变性的系统研究及相对重要性。多手段、多参量、空地基电离层（热层）探测的标准化预处理、误差量化、同时同化技术；电离层（热层）精确现报与短期预报关键技术，形成一个耦合的电离层－热层－等离子体层耦合数据同化模式。以天基和地基观测资料为驱动，建立关键空间天气要素的预报和警报模式，建立为航天活动、地面技术系统和人类活动安全提供实际预报的空间天气预报应用集成模式，并开展预报实验。

（四）空间环境探测能力提升

空间环境是伴随航天技术发展起来的，人类需要面对新环境。对空间环境的了解与认识建立在空间探测技术进步的基础之上，每一次人类对于空间探测的重大突破，都给学科的发展带来质的飞跃。我国空间科学卫星资料主要依赖国外，还不具备独立自主的监测能力，长期存在着空间科学研究落后于航天技术发展的极为不平衡的局面。空间科学探测还没有实施国际上通用的以科学家为主导的有效载荷首席科学家制，有效载荷研制存在科学目标不明、技术指标不先进、数据处理和成果产出无人负责的尴尬局面。发展地球空间场、粒子和波动等先进探测与诊断技术，发展微小卫星等新的探测手段等，以实现空间环境探测能力的整体大幅提升是目前紧迫的问题。

在空间环境探测能力提升中主要有以下 3 个研究方向。

1. 方向一：空间天气探测星座概念设计

目前，国际上多颗卫星联合的多时空尺度探测和研究成为主流。空间物理探测与研究的发展已经由定性、单因素或为数不多的空间环境因素的探测研究进入了精细化的多因素耦合或协同的探测研究的新阶段。只有实施联合探测，才能了解关键区域、关键点处扰动能量的形成、释放、转换和分配的基本物理过程，深入揭示其物理过程的本质。不同高度卫星的联合观测，成为日地空间不同空间区域耦合研究不可或缺的前提。空间物理探测一方面发展小卫星星座探测技术，观测小尺度三维结构，区分时空变化；另一方面建立大尺度的星座观测体系，实现立体和全局性的观测。

近年来，随着科学的发展和微电子技术的进步，利用微小卫星进行空间天气探测已成为各国争先发展的重要方向。微小卫星是航天高技术发展的必然产物，它是在新的国际市场及空间竞争需求的牵引下，在高新技术发展的推动下，采用新的设计概念、设计方法和科学组织管理模式发展起来的。其突出的优点是体积小、重量轻、成本低、研制周期短、性能高，并能利用多种发射方式快速灵活发射。在空间天气探测领域，小卫星已成为大卫星的必要补充。

研究内容如下。小卫星星座探测：探索利用小卫星或小卫星编队的形式监测日冕物质抛射前期的征兆、早期（1～3 个太阳半径）的加速过程及日冕物质抛射的方向、级别及对地有效性。探测研究近地全球暴时空间电流系统、地球磁场异常、辐射带高能粒子演化、近地空间电流系统等。

2. 方向二：有效载荷原理与技术的突破

我国有效载荷的水平还远不能满足空间科学探测的需求，有效载荷种类单一、精度较低、标定手段缺乏等，迫切需要在原理研究及设计与制造技术上的大幅突破。空间带电粒子探测、电磁场探测、电磁场波动探测等都是研究空间环境最重要的因素，也是空间探测技术中需要首先突破的载荷。此外，空间天气探测卫星要求按空间物理过程发生、发展的全球整体行为和时序关系，具有更强的成像能力和覆盖更大空间范围的能力，因此发展成像的探测能力也应当受到重视。

研究内容如下。通过高能、中能和低能等一系列带电粒子探测仪器的设计、开发和研制，实现空间带电粒子的全能谱、多方向、高精度测量。发展新一代低频波动探测技术。发展各类成像技术，包括对行星际高密度等离子体团的射电成像技术、中性原子成像技术、太阳 X 射线与极紫外成像技术、日冕成像技术、远紫外极光成像技术、等离子体层极紫外成像技术、电离层与热层远紫外成像技术、中高层大气的可见光与红外成像技术等。发展新型探测技术，实现多波段多信息流综合、成像与光谱结合、主动与被动结合、光谱特性和热特性的观测结合，发展综合观测技术，获取地球及其环境的光谱信息，开展全球环境探测和研究。

3. 方向三：地基综合探测技术

地基观测是空间环境监测的基础，也是空间探测计划的重要补充，具有"5C"（连续、方便、可控、可信和便宜）的优越性。

研究内容如下。地基综合观测能力提升：以"十一五"国家重大科技基础设施建设项目子午工程为骨干网，构成覆盖我国主要区域上空的空间环境地基综合监测网，对日地空间环境进行多层次、多手段、连续同时并能区分时空变化的最为先进甚至领先水平的综合观测网。在电离层观测方面，拟在低纬地区部署国际先进的非相干散射雷达，在中高纬地区部署灵敏型高频干涉相干散射雷达，探测中高纬地区上空电离层信息。

二、对空间环境和平利用能力的提升

为了提升和平利用空间的能力，必须提升空间天气灾害的监测预警水平、空间天气系统的建模水平、空间天气的预报水平及服务效益的水平，以满足国家在航天、通信、导航及一些特殊区域的安全，以及经济建设和社会发展需求。加强空间天气科学服务有效和平利用空间，助力开拓空间战略经济新领域的研究。

（一）空间天气预报与警报

准确及时的空间环境预报可使航天器减少或避免因空间环境带来的危害和损失。目前，在航天器的任务规划、在轨管理和活动安排等环节中，空间环境预报已经成为必不可少的考虑因素之一。目前就空间天气预报而言，国内外主要有三大类，即经验预报、统计预报、物理预报。物理预报就是在了解和认识空间灾害性事件发生、演化的物理规律的基础上进行预报。但要提高预测的准确度，必须研究发展比数值模拟预报更具广泛意义的物理预报。太阳－太阳风－行星际－磁层－电离层耦合，过程极为复杂，要实现真正意义上的物理预报需要理解其物理机制，建立空间天气预报的物理理论框架，尤其要研究决定能否预报、依据什么基本规律、怎样实现预报并如何评价预报成果的物理问题。目前的数值综合，不能等同于物理预报。在还没有可靠的预报理论框架之前，探讨和发展有效实用的统计预报方法，结合新的观测技术和新的观测资料研究各种物理过程的成因和机制，在经验和统计预报的基础上，逐步发展物理预报也是当前国内外空间灾害性事件预警、预测研究的基本特点。此外对于特定的区域，由于其空间的特殊性或者在经济战略等方面的重要性，也是空间环境预报工作的难点。

在空间天气预报与警报中主要有下列两个研究方向。

1. 方向一：太阳耀斑和日冕物质抛射的爆发及对地效应的预报

太阳活动起源于太阳内部，并在太阳大气中形成相互关联的活动区，太阳大气是所有太阳活动的发源地。太阳爆发源于太阳磁场自由能的释放，而自由能的释放意味着太阳磁场的拓扑结构改变。具有全球特征的太阳爆发往往与太阳大气的大尺度变化密切相关，容易引起日地空间环境的改变。太阳风、日冕物质抛射、耀斑辐射及太阳高能粒子事件是太阳驱动空间天气的主要媒介。日冕物质抛射是太阳大气中最为壮观的爆发现象，是灾害性空间天气最主要的驱动源，能在行星际空间直至地球空间造成剧烈扰动。由于抛射出来的日冕物质运动速度在每小时数百至千千米以上，到达地球通常需要几十个小时。因而在观测到日冕物质抛射现象之后，还有相当长的时间才能传播到一个天文单位之内的空间。在此时间内，需要判断抛射出来的物质会不会影响到地球，即日冕物质抛射的对地效应。根据日冕物质抛射的初始速度和抛射形成的锥体几何特征及爆发源区的日面位置，可以判断其对地球临近空间影响的大小。日冕物质抛射的爆发机制目前也是不清楚的，日冕物质抛射及其伴随的激波在行星际传播的过程及对地有效性都是需要继续深入研究的问题。

研究内容如下。太阳耀斑的预报，太阳质子事件的长期预报方法，太阳质子事件的警报方法，地磁扰动的长期变化规律，地磁 Kp 指数的短期警报技术，CIR 和日冕物质抛射的行星际传播模型的业务转化，基于国内地磁台站的 Kp 指数反演技术等。太阳风暴预报模式，包括太阳大气中物理参量三维结构重建、日冕物质抛射三维结构重建、太阳爆发与磁大气结构演化与爆发模拟等。太阳爆发的对地效应预测。

2. 方向二：空间天气危害的分析评估、应对策略和措施制订

针对我国航天事业的发展规划，以载人航天、深空探测和临近空间飞行器为重点，评估分析空间天气模式在我国航天领域的应用现状，探讨空间领域的航天战略基础研究议题。

研究内容包括：地球轨道航天器高能带电粒子环境的诊断和预警；探测数据同化；重点空间天气危害事件的物理过程的分析与分解；辐射空间分布模型建立、检测与验证等。

（二）空间环境在航天活动中的影响和应对

与地球对流层天气一样，空间环境也常常出现一些突发的、灾害性的空间天气变化。就空间技术而言，据统计，在轨卫星的所有故障中，空间环境效应诱发的事故约占 40%。研究航天器周围的环境对空间材料的损伤、微电子器件的辐射效应、航天器充放电效应，将有效延长航天器的寿命，提高经济效益和社会效益。特别是低轨道卫星受到大气密度变化的影响，保持计划的轨道需要额外的能量补充。地球高纬度地区的磁力线与太阳风磁场相连，太阳风的高能带电粒子沿磁力线直接进入地球空间，而地球空间的磁场也能捕获高能带电粒

子形成辐射带，这些高能粒子对航天器的电子设备轰击导致电路逻辑混乱，对航天器和太阳能帆板的充放电能减少其工作寿命。此外，电离层中的原子氧对航天器材料有腐蚀作用。

空间环境在航天活动中的影响和应对中有如下 5 个研究方向。

1. 方向一：航天器轨道的热层密度与风场效应

热层大气层顶高度随太阳活动的变化很大，热层结构主要受太阳活动的支配。热层大气的物理状态对于航天器近地轨道的影响至关重要。目前现有的大气模型，尤其在太阳风暴时期，得出的大气密度往往会产生很大偏差，研究预报大气密度的理论与方法，建立新型热层大气密度预报模型十分必要。以我国正在实施的重大航天工程需求为牵引，以建立自主的热层大气密度模式为目标，重点针对短时间尺度的非周期性扰动和多周期变化，探寻热层密度变化的物理机制，认识太阳辐射、共转高速流和低层大气波动对热层密度的影响、产生热层大气周期性变化的机制、热层大气密度扰动的起源及变化规律，探寻热层密度变化的物理机制，实现热层大气密度变化特征及建模。

研究内容包括：热层大气密度变化特征及建模，载人航天空域的热层大气密度模式的应用与评估；临近空间的风场模式与对流层折射修正模式的改进与评估等。

2. 方向二：辐射带的动态模型建立与发展

辐射带是航天活动中必须面对的高能粒子环境，辐射带并不是十分稳定，在太阳风暴作用下，其边界和强度均有较大幅度的改变。构建有效实用的辐射带模型对于空间高能粒子辐射对航天器的影响至关重要。目前广泛使用的辐射带模式是美国国家航空航天局的经验模式 AP-8 和 AE-8，这些模式是根据 1990 年以前的数据建立的，这种静态模式具有许多不准确性，特别是在南大西洋异常区域。事实上，外辐射带的高能电子通量处于急剧的动态变化之中，受太阳风条件和地磁活动指数的影响很大。利用 AP-8 和 AE-8 模型建立以后的尽可能多的卫星探测数据，特别包括 CRRES、SAMPEX 和多年的 GPS 数据，筹备和研制新一代 AP-9 和 AE-9 模型。第一代 AP-9 和 AE-9 于 2011 年问世。第二代模型将在增加美国空军 DSX 计划（2010 年）和美国国家航空航天局的辐射带探测卫星 RBSP（2012）数据以后诞生。除扩大粒子能量范围和空间范围外，AP-9 和 AE-9 重点在于力求建立可信的中等高度卫星轨道辐射强度分布。

研究内容包括：辐射带边界的演化规律，粒子通量分布随地磁参数和空间位置的分布及演化过程；辐射带结构变形与行星际条件和磁暴参数之间的定量关系；高能粒子注入辐射带槽区过程的行星际条件和磁层条件、时空分布和演化的物理图像；利用可用的数据，构建适用的辐射带模型等。

3. 方向三：航天器充放电效应的防护与评估

伴随着现代航天器的发展及对空间天气灾害事件的认识，依然有较多的航天器故障与充放电过程有关。尽管对这一问题已经有较长期的研究，但是航天器在轨运行期间的充放电过程仍然没有被完全弄清楚。例如，同时或者先后出现低能电子、高能电子充电环境下发生的充放电过程；在发生充电的同时，其他因素造成的异常放电的机制和规律；充放电后，引起的电子学系统异常和故障的途径、方式和规律等问题的认识并不十分清晰。针对典型的现代工艺器件，揭示空间辐射效应及危害的机制和规律，建立科学的评价方法十分必要。

研究内容包括：航天器充放电及影响机制和规律；元器件性能变化和退化；充放电引起的电子学系统异常和故障解决的途径、方式；多因素空间环境导致的辐射损伤机制；空间天气导致的电子器件辐射效应影响及评价方法等。

4. 方向四：航天材料的空间环境综合影响效应机理及评估

随着航天技术的发展，对航天器长寿命、高可靠的需求越来越突出。航天器在轨长期服役期间，材料性能变化和退化日益成为制约我国航天活动的主要因素，新型空间设施的环境适应性成为亟待解决的问题。研究航天器周围的环境对空间材料的损伤、微电子器件的辐射效应、航天器充放电效应，将有效延长航天器的寿命，提高经济效益和社会效益。此外，空间环境的地面模拟环境与在轨真实环境存在差距，存在材料评价与航天器在轨可靠性需求关联性不强等问题。空间天气扰动的各种表现不是孤立的而经常是综合的，如高能粒子通量增强、地磁场剧烈扰动、热层密度大大增加及氧原子数密度突增经常是相互伴随、同时发生的，集中效应的叠加效果迄今缺乏综合研究。

研究内容包括：空间长期使役环境下材料的结构演化规律和微观机制；多因素环境对材料的协同作用机制；临近空间及深空特殊环境对探测器的性能退化与损伤机制；航天器材料宏观性能与微观机制的在轨监测技术；空间环境对高集成度电子元器件材料的作用及其对器件的损伤传输机制；空间环境效应天地等效性实验与验证技术等。

5. 方向五：空间化学环境与航天材料腐蚀防护机制

距离地面200～600千米的低地球轨道空间，是对地观测卫星、气象卫星、空间站等航天器的主要运行区域。在这个区域中存在大量的原子氧，具有很强的氧化性。原子氧环境是危害最大的空间化学环境。当飞行器以轨道速度在低地球轨道中运行时，原子氧以 4～5 电子伏的动能撞击飞行器材料表面。原子氧与材料之间的相互作用会造成表面材料剥蚀及材料性能退化，损害航天器热控涂层，严重危害航天器的可靠运行。它对有机材料的腐蚀作用还会产生可凝聚的气体生成物，进而污染航天器的光学仪器及其他设备。美国国家航空航天局的飞行实验、长期暴露实验和有限期选择性暴露实验，进一步证实了原子氧是导致材料发生性能变化的主要原因。所以截至目前，原子氧剥蚀效应研究仍然是空间环境效应研究中最活跃的方向之一。

研究内容包括：原子氧对材料尺寸稳定性、物理性能和机械性能的影响机制；抗原子氧剥蚀材料表面涂层；紫外线和原子氧对卫星表面材料的协同作用机制和过程等。

（三）空间环境对通信导航与信息安全的影响

空间天气事件对通信、导航、定位也有严重的影响。通信领域、卫星精密定位系统、导航系统、雷达特别是远程超视距雷达系统都会受到空间电磁环境扰动的强烈影响，如它可使雷达测速测距系统产生误差、卫星信号发生闪烁、导航定位侦察系统产生误差。随着现代无线电导航定位技术性能及地球科学研究与应用要求的不断提高，空间天气效应已成为卫星无线电精密测量及地学问题研究的重要制约因素。重点研究方向包括：电离层环境对通信定位导航影响的评估与修正；临近空间环境先进探测技术及信息传输理论研究；空间环境对卫星无线电跟踪测量、数据通信、导航定位与测地等效应。

在空间环境对通信导航与信息安全的影响中主要有下面的 4 个研究方向。

1. 方向一：电离层环境对通信定位导航影响的评估与修正

从卫星导航的角度看，电离层从来都是影响卫星导航系统服务性能的关键制约因素之一，对卫星导航的性能构成直接的威胁。特别是在卫星导航其他相关技术（如卫星测定轨技术、导航卫星有效载荷技术、导航卫星测控管理技术、星载原子钟技术等）快速发展的背景之下，电离层对卫星导航性能的威胁已经成为制约卫星导航系统建设和应用水平深度发展最主要的瓶颈。研究电离层电子密度的分布、变化、扰动等对地面通信与卫星通信质量的作用，对卫星定位导航精度的影响，对有效利用与开发空间环境具有重要的经济价值和社会意义。目前需要解决的关键技术是面向导航卫星信号传输的电离层总电子含量和闪烁的精确描述技术。

研究内容如下。开展快于半年的全球两维总电子含量时变特征、机制及全球总电子含量潮汐变化特征的监测研究;开展全球和局部总电子含量变化的动态预报方法研究;建立基于自主知识产权的新方法构建非平稳数学表达的总电子含量全球模式;研制高空间分辨率、高精度的总电子含量全球测量模型,融合动态预报方法实现总电子含量的快报和预报,为我国卫星导航、深空测控的应用需求提供高精度的电离层模型;电离层总电子含量分布与变化对卫星导航定位的影响评估与修正方案;针对我国北斗导航定位电离层电波传播的修正方法;电离层闪烁效应对卫星导航定位影响的评估与应对策略;电离层闪烁效应对卫星通信影响的评估与应对策略;电离层电子密度模式化在地面远距离短波通信保障中的应用等。

2. 方向二:临近空间先进探测技术及信息传输

临近空间是与人类活动关系最为密切的空间环境,也是目前观测手段较为缺乏的一个领域。了解临近空间环境的特性和变化规律,必须依靠全面、可靠、及时的高质量观测数据,进而为临近空间超声速飞行器的导航、数据遥测、通信和电子对抗提供理论基础。需要开展地基激光雷达探测技术、星载激光雷达探测技术、被动光学探测技术、星载 GPS 电离层/大气掩星科学反演技术、山基 GPS 掩星探测系统、全球卫星导航系统反演(GNSS-R)海态遥感技术等研究,为临近空间环境的特性和变化规律的研究提供全面、可靠、及时的高质量数据支撑。要开展临近空间等离子体鞘层形成机制与特性,及其与电磁波相互作用机制、影响及应对策略研究,为临近空间超声速飞行器的导航、数据遥测、通信和电子对抗提供理论基础。同时需要基于观测和理论研究的成果,发展具有自主数据驱动和知识产权的临近空间大气模式。从经验-统计模式研发入手,对现有经验模式进行区域修正,并逐步建立基于自主探测数据多参数经验模型。

研究内容包括:临近空间环境先进探测技术及信息传输理论;自主数据驱动的临近空间大气模式;适用于我国区域的临近空间短临、中期模式等。

3. 方向三:高频通信的频率筛选

高频通信具有低成本、远距离、抗打击等多种特殊优势,其在海洋、救灾和军事等非常规通信中占有极其重要的地位。但是,高频通信信道依赖空间环境,由于受到电离层的影响,通信频率的实时有效选择是短波通信的主要难点。准确获取通信路径上的电离层临界频率、电子密度和不均匀结构的分布,是高频通信选择最佳可用频率的关键，是分析诊断通信性能的重要依据。缺乏电离层保障服务，我国短波通信和航天测控用户的质量和效能可能受到严重影响。发展基于电离层观测和模式的高频通信频率筛选和预测技术，是提升我国高频通信性能，保障我国防灾减灾、军事和应急通信安全性和可靠性的重要途径。

研究内容如下。基于数据和模式的电离层反演和预报技术：开发和改造各类电离层理论模式，发展可用于电离层数值同化系统的物理模型；研究各类数据同化技术，建立可用于电离层资料反演和预报的电离层资料同化系统；分析当前各类观测数据的误差和精度，研究可以进行电离层短期预报的数字电离层系统。复杂电离层环境状态的高频电波传播机制：研究高频电波在电离层电波传播的全球和地区特性，基于射线跟踪的电波传播算法，高频电波传播的环境噪声影响机制，以及高频电波在电离层中的吸收和衰减问题。研究基于电离层环境状态下，高频电波频率筛选方法，以及通信频率短期预报技术和中长期预测技术。

4. 方向四：无线电掩星及全球卫星导航系统信标探测

随着以人造卫星为标志的空间科学和技术，特别是以 GPS 为代表的全球卫星导航系统技术的发展，卫星导航和卫星探测技术为电离层研究提供了重要手段。基于 GNSS 卫星观测资料的电离层反演研究对现代大地测量技术服务领域拓展、大地测量学与空间物理（天气）等相关学科交叉研究与发展产生了积极的推动作用。目前采用 GNSS 卫星观测资料研究电离层主要集中在两个方面，一是基于地基 GNSS 的电离层总电子含量反演；二是综合利用地基、空基观测资料的三维电离层结构反演。近 20 多年来，基于 GNSS 的区域与全球多尺度电离层总电子含量精确求定及形态变化特性与电离层电子密度结构反演理论与方法等研究取得了很大的发展。随着日臻稠密的地基 GNSS 观测站与空基掩星观测资料的不断丰富，有望进一步改善和提高电离层总电子含量及电子密度结构反演的精度、分辨率和可靠性，实现（准）实时监测多尺度电离层总电子含量/电子密度的时变信息，满足日益提高的 GNSS 导航定位、定轨的精度与性能的需求。

研究内容如下。无线电掩星星座及 GNSS 信标探测。有效控制、修正甚至消除更精细的地球空间电离层天气效应，实现优于厘米级绝对定位、毫米级相对定位高精度测量目标；通过准确掌握精细电离层天气影响特征，研究和建立特定的区域和全球范围内精细电离层天气效应对精密定位结果影响的定性、定量模型和方法，进一步提高 GNSS 精密导航定位定轨精度与性能。

（四）特定空间环境的安全利用与改造

在特定空间环境的安全利用与改造中主要有以下 4 个研究方向。

1. 方向一：人工影响电离层最优理论研究

电离层环境是电波传播的物理介质，构造有利的电离层环境对卫星导航、短波通信、精确制导、侦察监视、指挥控制等有着重要意义。因此，亟须开展电离层不稳定性机制及触发判据、电离层最优扰动、多手段联合扰动电离层、人工电离层效应综合诊断等的研究。

研究内容如下。不同频段无线电波的电离层加热实验研究；电离层加热的理论分析与计算机模拟；电子温度增加及相关的离子电子浓度变化及这类大尺度电离层不均匀块对无线电波传播（通信信道、卫星信标）的影响；电离层不均匀体现象及相关的电离层闪烁对卫星通信定位导航的影响；电离层甚低频辐射及可能在空间辐射带辐射减灾、水下通信等方面的应用；加热导致的背景高层大气辐射及在高层大气观测的可能应用；电离层化学释放及其机制研究；核爆炸及电磁脉冲的电离层效应的计算机模拟；人类活动与电离层、高层大气的长期变化等。

2. 方向二：人工影响空间环境

采用人工方法改变或影响电离层、地球辐射带等关键空间区域的环境状态，不仅提供了一种空间环境主动实验研究的手段，具有重要的学术意义，同时在国防、军事和国家安全方面具有广泛用途，有重大的实际应用价值。

研究内容包括：辐射带粒子与甚低频波动相互作用的数值模拟；影响卫星轨道上的高能粒子辐射通量的地面实验研究以及相关卫星应用的概念研究等。

3. 方向三：南海区域电离层赤道异常探测与预报

中国约 25° N 以南区域位于电离层赤道异常区，由于该区域主要是海洋，地面布站受限；同时该区域电离层的小特征尺度使得 GPS、掩星等观测数据的反演出现很大的系统误差。在该区域开展基于船舶的海上电离层移动探测，获取直接观测资料，矫正 GPS 和掩星资料反演误差，提高该区域电离层的预报能力，具有重大的科学和应用意义。

研究内容如下。海上电离层探测实验关键技术；海上电离层探测资料与

GPS、掩星资料的数据融合技术；电离层赤道异常区不均匀体观测特征的分析与理论研究；低纬度电离层暴形态分析及机制研究；中国区域电离层赤道异常区建模与预报技术研究；现有电离层异常区理论在南海区域的适用性检验，南海区域电离层异常的预报技术以及南海区域电离层赤道异常区建模等。

4. 方向四：航空安全系统

空间高能粒子辐射除直接威胁航天员的生命安全外，民航飞机空乘人员特别是经常在高纬地区和跨极区飞行的航班人员和器件同样受到影响；空间电磁环境扰动，空间天气事件导致的人类日常活动、健康条件和疾病发生的关系也已引起人们的关注并正在深入研究中。

研究内容包括：空间天气对航空通信安全的影响；空间天气对飞机导航和定位的影响；机组人员辐射损伤机制和防护；高能粒子辐射对机载电子设备的影响；高空大气高能粒子辐射环境研究等。

第四节　学科发展思路

根据空间天气科学的特点与发展趋势，针对国家和平利用空间战略的应用需求及我国空间天气科学发展现状存在的问题，提出学科基本的发展思路如下。

（1）下大力气提高空间环境天基、地基探测技术的创新能力，从跟踪模仿向自主原创跨越，建设有中国创新特色的空间天气天地一体化的观测体系，为科学前沿的重大创新突破夯实探测创新的基础。促进实验探测与空间天气科学的基础研究及和平利用空间的应用研究之间的有机结合。

（2）聚焦空间天气科学的重大前沿挑战问题，强化亮点研究方向的多学科协同创新与学术争鸣，勇于取得具有引领学科发展方向的重大创新性成果。

（3）促进空间天气科学前沿研究的原始性创新成果与和平利用空间的实际应用与服务需求之间的有机结合。加大发展空间天气科学与服务国家和平利用空间新需求相结合的力度，要把保护航天巨大资产、提升卫星应用能力、服务和平利用空间作为首要任务，走需求牵引→创新科技→服务需求的发展之路。

（4）积极参与并主动推进国际合作，有机结合国际资源利用与自主创新研究，促进我国空间天气科学学科与和平利用事业的跨越发展。要勇于担当，积极主动牵头空间与天气科学领域的国际计划，把我国的空间天气科学置于国际合作与竞争的架构中去实现跨越式发展。

（傅绥燕　曹晋滨　王　赤　宗秋刚　徐寄遥　窦贤康　刘立波　汪毓明　陈　耀）

本章参考文献

国家自然科学基金委员会 . 2015. 空间科学学科"十三五"规划战略研究报告 .

国家自然科学基金委员会，中国科学院 . 2010. 2011～2020 年我国空间科学学科发展战略报告 .

国家自然科学基金委员会，中国科学院 . 2012. 未来 10 年中国学科发展战略：空间科学 . 北京：科学出版社 .

中国科学院 . 2014. 空间物理学发展研究报告 .

中国空间科学学会 . 2012. 空间科学学科发展报告（2011—2012）. 北京：中国科学技术出版社 .

第五章
空间天气科学的资助机制与政策建议

作为一门新兴学科，空间天气科学与其他学科广泛交叉，具有促进和引领其他学科发展的重要作用，在我国自然科学的学科布局中处于十分重要的位置。空间天气科学与应用密切结合，与国家需求密切结合。一个国家空间天气科学的水平与综合国力密切相关，空间天气科学的发展是一种国家行为，离不开合适的资助机制和与之配套的政策。

第一节　服务国家和平利用空间新需求的咨询建议

随着我国国民经济的发展以及国防建设和科学技术的发展，应用卫星、载人飞船、空间站及地基技术系统的安全正常运行与剧烈变化的空间天气条件越来越密切。空间天气科学也是一门关乎人类社会生存与发展的战略科学，将为人类的经济社会发展、科技进步和空间安全做出重要贡献（魏奉思，2014）。

目前，空间天气科学的发展仍面临着一系列的挑战，包括：了解日地系统不同区域间的耦合过程，构建空间天气整体变化过程的理论框架；了解地球空间系统各圈层间的耦合过程，实现近地空间环境的数字化建模；发展日地系统过渡区物理学，拓展从碰撞到无碰撞的新知识体系；聚焦磁重联、粒子加速、湍流、波－粒相互作用等基本过程，寻求概念、理论与方法上的新突破；构建空天环境科学认知体系，开拓多学科交叉新领域等。为了我国空间天气事业持续稳定地向前发展并对国家做出应有的贡献，未来空间天气科学的学科战略发展计划，将致力于建立全球性的太阳、行星际空间、地球磁层、电离层、中高层大气等的一整套因果链的天基监测体系，以实现对空间天气整体变化过程和灾害性天气的发生发展的全过程监测，促进多学科、大跨度的交叉研究。

根据日地空间各层区的物理特性，在我国境内大规模布局地基监测，针对特殊区域监测要素进行进一步的局部加密监测；通过国际合作在境外建设地基监测，为空间天气模式研究及预报提供监测依据，并通过对我国上空空间环境区域性特征的掌握进而了解全球空间环境变化特征。

一、增加空间天气国家科技重点专项

国家应加强宏观指导，在统一的科学目标之下，组织多学科交叉的协同攻关，特别是要大力发展我国有特色的空间探测计划，使我国跻身空间天气研究领域的先进国家之列，为我国社会的发展和国家安全做出重要贡献（方成，2002）。

空间天气计划的总体战略目标是，逐步建立起空间天气的天基和地基综合监测体系；认识空间天气过程的物理机制和变化规律，形成从太阳大气到地球中高层大气的日地空间系统各圈层中空间天气过程的系统性理论框架；建立空间灾害性天气事件的因果链模式，加强空间天气信息的处理和传输能力，发展基于监测和研究的空间天气预报方法；开拓空间天气服务工作，尽量避免或减少空间灾害性天气对高技术和人类活动的危害（王水，2007）。

为了在我国现有的对空间天气科学研究的基础上，进一步提高对空间天气的检测、研究与预测能力，建议把《国家和平利用空间新需求专项建议》中的三类专项——创新技术类、保障安全类和服务民生类共 8 个专项列入国家科技重点专项中。

创新技术类专项包括：新一代低轨小卫星主导的全空间导航通信遥感一体化专项；临近空间的应用与开发专项；人工影响磁层、电离层空间环境问题专项。

保障安全类专项包括：海洋无线通信空间天气保障专项；极区空间天气监测服务有效和平利用空间专项。

服务民生类专项包括：利用空间技术清除雾霾专项；空间天气服务航天领域专项；基于 GNSS-R 新型遥感技术的海洋生态与灾害监测系统专项。

二、加强国家数字空天专项和国家空间天气智能化预报体系专项建设

把《国家和平利用空间新需求专项建议》中的两个专项——国家数字空天

专项和国家空间天气智能化预报体系纳入国家发展和改革委员会的重大基础设施建设计划中。

第二节　空间天气科学的能力建设

我国正以子午工程为基础，充分发挥我国地域优势，牵头组织沿 120° E 和 60° W、环绕地球一圈的国家和地区实施国际空间天气子午圈计划，国际科学界高度评价"它将对全世界范围内空间天气研究的不断进步和发展做出重大贡献"；我国科学家牵头建议的夸父计划，被誉为"这是中华民族在空间探测科学领域的创世纪的计划"。这些由中国科学家牵头的地基、天基计划已在组织推动中，必将对科学发展产生重要的引领作用（魏奉思，2011）。国际空间天气子午圈计划将对全世界范围内空间天气研究的不断进步和发展做出重大贡献（范全林，2008）。

一、天基探测能力建设：设立"空间天气卫星序列"

空间环境探测是空间天气研究的基础。没有探测，空间天气研究就成为无本之木，无源之水。目前，有关国家都在大力加强日地空间的整体探测研究。空间天气涉及的空间范围从距地面 20～30 千米一直到太阳大气表面，空间天气所涉及的物理参数比传统天气所观测的参数更复杂：除要测量高层中性大气的参数外，还要测量等离子体、高能粒子辐射、电磁辐射、静电场与静磁场等多种参数。要及时地提供这些参数，需要大量不同类型的卫星进行观测。

当前我国在观测与探测技术方面已经有了一定的基础，如双星计划是我国第一次以自己提出的空间探测计划进行国际合作的项目，是国家民用航天"十五"计划中设立的重点科学探测卫星计划，是国家第一次以明确的空间科学问题列入的卫星型号。双星计划的主要科学任务是通过对地球空间电磁场和带电粒子的探测，获取可靠的科学数据，在研究中取得新的发现，获得突破性的理论研究成果。双星计划探测数据的分析、理论研究和数值模拟工作已取得了一批初步的新结果。

我国的夸父计划由位于日地引力平衡处的拉格朗日点 L1 的 A 星——对太阳活动和行星际天气进行 24 小时全天候监测,以及对地球两极极光进行共轭观测的 B 星组成。夸父计划将在很高的精度上追踪太阳爆发和地磁暴。该计划有许多首创,如果顺利实施,它将发挥至关重要的作用。

此外,我国正在积极推进的太阳空间望远镜和太阳爆发小卫星等天基观测计划将对我国空间天气科学发展做出重要贡献。后续的一些卫星计划,如磁层－电离层－热层耦合小卫星星座探测计划与由应用驱动的空间天气系列卫星计划也正在提出和推动之中,这表明我国的天基观测已步入正轨。

我国是一个空间大国,在卫星发射技术方面已步入国际先行列,但在空间探测方面与发达国家相比还存在较大差距,在天基观测方面对美国及欧洲的依赖较大,如在太阳和太阳风监测数据方面,我国还强烈依赖于国际互联网(主要是美国的)数据;在天基硬件建设方面相对落后。因此,为了增强空间天气科学服务能力,满足国家有效和平利用空间和国家空间安全新需求,建议未来中国加快空间天气科学天基观测计划的实施进度,在国家应用卫星序列中设立“空间天气卫星序列”,加强我国空间天气科学天基观测能力建设。

二、地基观测能力建设:加速立项子午工程二期建设

1993 年,魏奉思等提出了沿 120° E 建设地面台站链,长期监测我国上空灾害性空间天气变化的设想。1994 年,王水、魏奉思等正式向中国科学院和科学技术部提交了实施子午工程重大科学工程的建议,1997 年得到了国家科技教育领导小组的批准。此项目应用地磁、无线电、光学、探空火箭等方法,在120° E 子午链和 30° N 纬度链附近多个台站上开展了空间环境监测,同时建立起数据和信息系统及研究和预报系统。与空间卫星探测相结合,为了解灾害性空间天气的变化规律提供了观测数据,提高了我国空间天气预报能力和服务水平(王水,2007)。此工程于 2005 年 8 月正式启动。在此基础上,将进一步开展国际合作,以子午工程为代表的国家重大基础科学设施的建立,标志着我国的地基空间天气探测能力有了实质性提升。但不可否认,我国的地基空间天气探测水平较美国、欧洲、日本等先进国家和地区还有较大差距。从空间天气探测需求的角度出发,当前我国地基空间天气探测的主要问题与措施有下面 4 点。

第一，地基空间天气探测的观测站区域分布不合理，组网观测能力有待加强。目前国内大多数地基空间天气观测站点集中在东部地区，其中，在子午工程的推动下，在我国 120° E 子午线上，建成了一系列地基的主动、被动无线电或光学的观测台站，但在我国纵深西北部近 1/3 的国土面积上目前还几乎没有观测台站，这不利于研究地球空间环境的纬向依赖特征及与地形密切相关的"岩石圈 / 大气层 - 电离层垂直耦合"过程。为了满足覆盖我国大范围、大尺度的空间环境监测需求，需要在我国境内尤其是西北地区大面积地部署地基监测。现有地基监测现状远不能满足我国近地空间环境高精度、可靠、动态时变、可快速更新的自主监测需求，所以需要对我国近地空间环境进行深层次的加密监测，才能实现对我国上空的空间环境从认知能力向保障能力的跨越发展。建议尽快实施国家重大基础设施子午工程二期，建成覆盖我国全境的"两纵两横"的地基空间天气监测网络。

第二，地基空间天气探测的单站综合探测能力有限。国内已经建立的地基观测台站由于各自历史发展的原因，目前具有的探测能力大都比较单一，部分具有综合探测能力的观测站，如子午工程的北京、武汉、海南、南极等综合观测站，探测手段也限于一两种类型的观测手段。其中，中国科学院地质与地球物理研究所所辖的漠河、北京、武汉、三亚台站主要瞄准的是基于无线电手段的电离层要素参数探测和地磁场扰动探测；中国科学技术大学蒙城地球物理国家野外科学观测研究站侧重于以光学手段为主的中高层大气要素测量；中国科学院测量与地球物理研究所则更多关注重力场的观测。

国际上主要的日地空间环境观象台，如欧洲的北极中层大气激光雷达观测研究中心（Arctic Lidar Observatory for Middle Atmosphere Research，ALOMAR）、美国的阿雷西博天文台、磨石山，秘鲁的杰卡马尔卡射电天文台等，都集成了无线电和光学的主动、被动观测设备，能够进行电离层和中高层大气参数多要素、多手段的综合探测。为了使相关学科的基础研究在国际上进一步扩大影响，提高自主科研创新能力和竞争能力，需要建立区域覆盖合理、探测手段齐备的综合性野外观测台。建议加强若干重点台站的综合能力配套建设，增加观测手段。

第三，重点区域的地基空间天气探测能力还比较薄弱。首先，极区及高纬度地区是空间天气事件发生时能量及物质的注入源区，所以在两极的空间环境监测对于空间天气事件的预警预报有着十分迫切的意义，但目前我国两极的地基空间环境监测非常薄弱，需要大力加强建设。其次，在我国南方所在的地磁低纬度地区，电离层赤道异常等低纬现象对卫星通信、导航、定位等影响很大，所以需要加强低纬度地区电离层的观测研究，为我国相关空间应用和空间工程提供可靠保障，满足国家在国防、国家安全和相关国民经济领域的需求。此外，西昌、酒泉、文昌等航天、军事基地附近的地基监测匮乏，需要在这些地区加强地基监测，满足其近地空间探测的需求。建议依据空间天气科学与应用的需要，遴选若干重要地点，新建一批观测台站。

第四，缺乏具有引领作用的地基空间天气探测的重大设备。当前我国的地基空间天气探测设备以中小型设备为主，包括若干台电离层相干散射雷达、数字测高仪、激光雷达等中型观测设备，更多的是一些地磁仪、信标接收机（高频多普勒接收机、全球卫星导航系统接收机）等，探测功能单一。在子午工程中投资建设的曲靖非相干散射雷达是我国首部空间天气探测大型设备，但限于经费而采用了传统的雷达体制，致使其探测功能尚不能完全发挥，难以满足我国空间天气科学的需求。因此，需要国家投资建设若干先进体制（数字化、相控阵）的非相干散射雷达，以满足我国空间天气科学研究和应用服务的急需。建议在我国三亚、漠河等观测站建设先进的非相干散射雷达，并对曲靖非相干散射雷达进行技术改造。

因此，需要加速立项和实施于"十二五"已纳入国家发展和改革委员会重大基础设施建设计划中的"国家空间环境地基综合监测网"（简称子午二期）建设计划（表5-1）。同时，建立国际合作的协调机制，统筹各部门机构的国际科技合作资源，统一协调国际合作事宜，合理布局，重点突破，深化在仪器研制和定标，模式预报和数值预报，以及空间天气效应等方向的合作；加强领导和协调，积极参与各种与空间相关的国际性组织，如国际空间环境服务组织（ISES）、国际空间天气计划协调组（ICTSW）、国际空间研究委员会（COSPAR）、日地物理学科学委员会（SCOSTEP）、国际空间局协调组（IACG）、国际地磁学和高空大气学协会（IAGA）、联合国和平利用外层空间委员会（COPUOS）等（郭建广和张效信，2011），注意相互协作，避免多头对外和恶性竞争，一致对外，形成合力，增强在组织内的话语权和影响力。

表 5-1　子午工程二期实现跨越发展

观测能力	子午工程一期	子午工程二期
空间范围	东经 120° E 和北纬 30° N	实现我国国土上空广袤区域的空间环境监测的覆盖，特别是航天发射或回收基地、实验基地等重点区域
探测局域	磁层 - 电离层 - 中高层大气	增加了空间天气源头 - 太阳的观测和北极的观测
空间分辨	只有经度或纬度的分辨，大尺度	同时具备经度和纬度的分辨，中小尺度，为发现新现象、新规律提供基础
测量完备性	满足基本参数的测量	满足较完备参数的测量
数据传输	准实时传输能力	实时传输能力
基本能力	提升 120° E 子午链上空间环境的认知能力，为子午工程二期奠定基础	提升对我国国土上空空间环境变化的认知能力，为建立以我国自主观测为基础的中高层大气和电离层模式提供观测基础，实现从认知能力到保障能力的跨越发展

考虑设立国际合作基金，共建国际性、开放型的研究院和实验室。设立灵活的多元化的国际合作基金，支持中国在相关国际组织的活动，以及开展国际合作项目。

第三节　空间天气科学的队伍建设

空间天气科学发展的顺利进行离不开创新型人才的科研团队建设。科学技术创新人力资源是科学发展中最重要的战略资源和提升竞争力的核心因素，培养具有蓬勃创新精神的高素质科技人才直接关系到空间天气科学战略发展的发展前途。为了空间科学战略发展的顺利进行，需要大批创新型的人才进行各方面的创新，因此必须认真解决创新型人力资源的开发与使用问题。自主创新是推动空间天气科学战略发展的决定性力量，而空间天气科学技术自主创新的发展，关键又在于自主创新能力的建设，其实质就是科学技术创新人才队伍的创新能力（肖建军和龚建村，2015）。创新型人才队伍建设就是空间天气科学战略发展的生命之源。因此，各科研院所根据自身不同的资源优势，加强自主创新型人才队伍的建设，着力培养和造就具有强大自主创新能力的创新型人才队伍，是各科研院所创新能力的重要体现，也是科研院所赢得竞争优势，立于不败之地的必由之路。

为了建设有创新精神的优秀人才队伍，需要营造有利于人才辈出的良好环境，以充分发挥科技创新人才的积极性、主动性、创造性。各科研院所要根据自身的实际，完善适合自身发展需要的人才结构，建设具有较强创造能力的人才队伍；继续贯彻人才队伍发展战略，以创新团队组建、高层人才引进、青年人才培养和研究生教育质量为工作重点，加大推进力度。

空间天气科学战略计划的进行需要科研团队保持持续发展的能力，其关键在于人力资源能力建设，核心是创新型人力资源能力建设。人力资源能力建设的过程，可以通过对物质、能量、知识、信息、科学、技术、人才的结构增效或替代增效，有效地提高科研院所创新能力、增强国内和国际竞争能力。一个科研院所的经济、知识、信息、科学技术、竞争能力等的提高、增效都取决于创新型的人才。

创新型的人才资源是科学技术发展中的第一资源，因此围绕着创新型科技人才展开的争夺，将越来越成为国际社会竞争的焦点。作为科学技术开发前哨阵地的科研院所，必须把创新型科技人力资源视为战略资源和提升国内国际竞争力的核心因素，大力加强创新型科技人力资源建设，只有这样，才能源源不断地培养造就高素质的具有蓬勃创新精神的科技创新人才，从而使我国空间科学的发展在激烈的国际竞争中立于不败之地。

在空间天气科学人才队伍的建设过程中，各科研院所首先要牢固地树立科学的人才观，把握创新型人才队伍建设的科学性，树立"人才资源是第一资源"的观念。自主创新人才资源是提高自主创新能力的核心。自主创新的实现，最终要落脚于自主创新人才的创新活动之中。自主创新人才资源不仅是第一资源，而且是最具决定性的创新资源。同时，要树立以人为本特别是以创新型人才为本的观念。要做到以创新型人才为根本、为基本、为资本，将建设创新型人才队伍放在学科战略发展规划和实施的核心位置，切实做到尊重人才、关心人才、保护人才，促进创新人才的健康成长。

在建设创新型人才队伍的过程中，还要注重开放式多渠道培养和建设创新型人才队伍，要注重进行开放式、多渠道、多视角的培养和造就人才。无论是引进海外的创新型人才，还是引进国内的创新型人才，都必须要注重坚持以我为主、按需引进、突出重点、讲求实效的方针。可以通过加强同国际科技界多种形式的交流合作，有效地利用全球科技资源，在积极吸收人类创造的文明成果的过程中发现创新型人才，采取团队引进、核心人才带动引进、高新技术项目开发引进等方式在全球和地区范围内配置创新型人才，特别是高层次领军型的创新人才。在引进领军型核心人才的过程中，还要注意解决好引进人、留住人、用好人的长效机制问题，引进海外创新型人才的主要目标是帮助科研院所提高自身的自主创新能力，提升其核心竞争力，而不在于引来技术和项目。在引进培养创新型人才的过程中，要注意处理好引进培养新的创新型人才和盘活现有创新型人才的关系；重视有创新成就的创新人才与关注潜在的创新人才的关系；重视中老年高层次创新人才与注重优秀年轻创新人才的关系，以便把各方面的创新人才组织起来，调动所有人的创新积极性（图 5-1 ）。

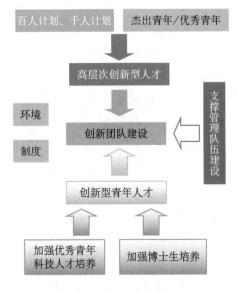

图5-1　科技创新团队建设

一、高层人才的培养与引进

空间天气科学的战略性发展需要以高层次的人才为基础，因此在未来的发展中，要充分利用国家高层次人才引进计划的政策支持，大力发展空间天气科学高层次人才队伍建设。

利用国家高层次人才特殊支持计划（简称万人计划）渠道，积极支持和培养国内高层次空间天气科学国家级领军人才和青年拔尖人才。

利用海外高层次人才引进计划（简称千人计划），围绕国家发展战略目标，在国家重点创新项目、学科、实验室，引进海外高层次人才，并有重点地支持一批能够突破关键技术、带动新兴学科的空间天气科学战略科学家和领军人才来华创新（杨河清和陈怡安，2013）。积极利用继千人计划之后，中央实施的青年千人计划项目，大力引进一批有潜力的优秀青年人才，为今后10~20年中国空间天气科学的跨越式发展提供支撑（孙伟等，2016）。

继续充分发挥百人计划作为学科主干人才引进计划的作用，进一步加强宣传、拓展渠道，继续引进百人计划科技人才，不断壮大和充实空间天气科学的高层次人才队伍，服务和支持未来空间天气科学的战略发展。

充分利用中国科学院海外智力引进与人才国际交流培养计划，继续加大引进外国专家和外籍访问学者的工作力度，聘请活跃在国际前沿的海外优秀学者和外国科学家来国内各科研院所和大学进行短期访问、讲学或开展合作研究。

二、推动科技创新团队建设

为了更好地支持空间天气科学战略，需要以万人计划、千人计划、百人计划人才及国家杰出青年科学基金和国家优秀青年科学基金获得者等人才为核心成员，推进跨学科青年科学家群体的组建工作。在各个单位间展开充分的科学交流与合作，建立广泛的合作机制，促进和鼓励多学科、多方向进行交叉合作创新研究。

三、加强优秀青年人才的培养

加强科技人才队伍建设，既应大力培养科技领军人才，又应注重培养和激励青年科技人才，建立健全科学合理的激励制度，保障青年科技人才的成长环境。在未来的人才培养过程中应注意下面几点。

第一，加大对青年科技人才的资助。增加对科技人才职业生涯的早期资助，促进他们尽快成长为独立的、具有创新能力的科学家。适当加大对35岁以下、具有研究潜力的优秀青年科技人才的资助力度，努力拓宽资助渠道，支持他们开展探索性研究和原始创新；加大国家青年科学基金资助规模，探索对优秀青年科技人才的滚动持续支持。

第二，加大对教育和基础研究的投入。调整学生培养模式和培养方案，进一步规范科研型学生的培养制度，帮助学生树立正确的科研导向和价值观，从根本上保障科技人才培养的数量和质量。

第三，加强科研团队建设。特别是加强跨学科、跨年龄、跨职称层次的科研团队建设，增强老一代专家对青年科技人才的培养与引领作用，并与青年科技人才分享资源。

第四，加强对青年科技人才的培训。拓宽青年科技人才职业发展通道，为青年科技人才提供更多的晋升机会，突破人员编制方面的诸多限制。鼓励人才流动，增加青年科技人才到国内外高水平研究机构进修、开展学术交流的机会；借鉴美国、德国等设立青年教授席位的做法，允许优秀青年科技人员招收和培养博士生。

四、加强博士研究生培养

博士生是学科研究的中坚力量之一，是研究人员开展科学研究的辅助系统，是科技论文的重要产出者。博士生教育是培养高层次创新人才的重要渠道（董泽芳，2009）。国内外许多博士生发表的论文在学校和院所论文发表总数中占较大比例，在导师的引领下，产出高质量的科技成果，并与导师联合开展科研，师生形成研究团队。因此，提高博士生培养质量可以提升科研水平和质量。

为了保证博士生培养的质量，至少应该树立三种观念：其一，质量是基本原则的体系，如果没有达成某种原则，那么整个系统的质量将会受到影响；其二，质量体系中的基本原则相互关联、互相依赖，具有因果关系；其三，建立高质量的组织机构是提高博士生培养质量的基本要求（薛二勇，2009）。

博士生是做研究的学生，博士生的培养就是未来中坚科研力量的培养。空间天气科学战略发展的顺利进行，除了需要高水平的学术带头人外，基础的研究人才也十分重要。在培养博士研究生的过程中，不仅要充分发挥科学研究的育人作用，通过科研提高人才的培养质量，还要通过人才培养质量的提高提升科研机构的科研水平，实现科学研究与人才培养的良性互动。

质量是博士生教育的生命线，在未来空间天气科学人才建设中，需要加强优秀博士生的培养。在培养过程中，优化配置研究生的课程设置，注重基本理论学习，掌握全套的科学研究方法体系，更要提供足够的机会让博士研究生参加具体的科研课题研究，经历科学研究的全过程管理。同时，大力支持鼓励各培养单位进行导师遴选、招生方式和培养模式等方面的自主探索。

政府应提高对博士生教育的支持力度，增加博士生人均培养经费，确立功能性拨款制度，保证重点高校拥有经常性的科研经费；国家相关政府部门要改革现行科研经费管理办法，实现研究课题对博士生培养和资助功能；突出重点建设，大力支持全国重点学科、国家实验室和研究基地建设，争取在较短的时间内将空间天气科学建设成为世界一流水平的优势学科；强化博士研究生教育基地建设，特别是重视研究生院的建设和发展；实施未来科学家计划，设立博士生创新基金，鼓励和支持博士研究生在学期间自主申报和主持科研项目。

博士生教育质量保障体系需要从以下方面进一步完善。控制学术型博士生教育的发展规模，实现学术型博士生教育从重视规模到重视质量的转变；改革博士生的招生方式，实现从注重笔试成绩向综合考察为主的招生方式转变；改革招生学科及专业招生目录，赋予培养单位更大的自主权；从严控制博士学位授予，改革博士学位授权审核办法，完善博士生中期分流淘汰机制；建立博士生培养单位的淘汰机制，从严控制博士学位授予，严格审批学位授予单位资格；进一步完善博士生培养机制改革，健全以政府宏观指导、培养单位自我约束为主和以导师负责制与资助制为主要内容的博士生教育质量保障体系，将质量保障和监控作为日常工作；强化博士生的学术训练，重视博士生课程结构调整及开设高水平的课程，培养博士生跨学科研究能力；改革博士生论文发表等考核制度，鼓励博士生树立精品意识，发表高质量的学术论文；为博士生的国际交流提供更多的机会和经费支持，培养博士生的国际视野，提高其国际交流能力。

五、重视支撑、管理队伍建设

支撑、管理队伍对科技战略发展有着重要的支持和保障作用，应重视从事野外观测、测试分析、出版编辑、情报信息、知识传播、成果转化、行政管理等优秀骨干人才的培养。针对支撑、管理和成果转化人才的不同需求，开展多层次、多类型的继续教育和培训，提高素质，激发活力。

六、在创新实践活动中培育和建设创新型人才队伍

世界科学技术发展的实践告诉我们，创新型人才不是生来就有的，是需要培养才能产生的，是要经过长期刻苦的学习，并在艰苦的创业活动中培养成长的。创新型人才的成长有其规律性，我们必须遵循创新型科技人才成长的规律

性，要抓住教育这个根本，经常接受新知识的学习和培训，坚持在创新实践活动中发现人才，在创新实践活动中锻炼和培养人才，在创新事业中凝聚和选拔人才。空间天气科学战略发展人才队伍建设要依托国家重大人才培养计划、重大科研和重大工程、重点学科和重点实验室，利用国际学术交流和合作项目，积极推进创新型人才队伍建设，努力培养德才兼备、具有国际一流水平的创新型的科技尖子人才和科技领军人才，特别是要抓紧建设高层次的中青年创新型科技人才队伍。要在实践中努力走出一条具有中国特色的建设创新型科技人才队伍的新路子，特别是要抓紧培养具有原创能力的科技尖子人才队伍。总之，要坚持学习与实践相结合，培养与使用相结合，在学习和使用中建设一支创新型科技人才队伍。

第四节　政策措施建议

一、建议设立和平利用空间统筹部门

载人空间站、探月工程、北斗导航、临近空间开发等项目的深入推进，加之空间资产的昂贵性、不可复制性等特点，以及高技术系统对空间天气的敏感性，对提升空间天气保障能力的需求将更为迫切。

由于历史原因，空间天气的探测和研究涉及中国科学院、国家国防科技工业局、中国航天科工集团、科学技术部、教育部、国家自然科学基金委员会、工业和信息化部、中国地震局、中国气象局、国家海洋局等多个部门，在我国尚缺少对该领域综合全盘考虑的权威国家级机构，"计"出多门，而实施起来却十分困难。目前，我们正在加速向空间大国迈进的步伐，迫切需要成立或明确主管空间科学发展的政府部门，成立全国性专家或顾问委员会，推动建立空间天气发展的国家管理体制，组织空间天气发展的长期规划，协调各类资源，促进学科健康、稳定、快速的发展。

加强宏观调控，合理利用响应资源，把各部门分散的力量集中起来，在空间天气领域建立一个高效、综合、部门间协调一致的工作程序、研究体系和技术体系，建议国家有关部委（如国家发展和改革委员会等）设立专门的和平利用空间处、室或委员会，统筹计划这一国家重大战略方向的发展，为经济社会的可持续发展开拓新领域、新途径。

二、明确空间天气科学管理体系

建议国家明确空间天气科学的归口管理部委，统筹有关的发展计划，确立稳定的经费支持渠道。若能成立国家空间局，将空间天气科学归属该局为最好；明确主管空间科学发展的政府部门，组织空间天气探测顶层设计。

空间大型探测计划由于需要较大的经费投入，不是单一部门和单位可以支持的，需要政府及有关部门制定统一的空间政策和全面的规划。长期稳定的经费和计划支持是空间天气发展的关键，要建立我国空间天气科学稳定的研究经费支持渠道。空间天气研究具有系统性、集成性、复杂性和创新性都很强的特点，其成果的获取往往需要多个环节的密切配合，包括地基研究、空间实验前期预研、空间实验、空间实验结果的后续研究等，因此，空间天气研究所需经费体量大，更需要稳定的支持经费和渠道。目前，一方面，对空间科学计划缺少常规稳定的经费支持，地基研究经费得不到长期稳定支持。在项目经费资助上，提供空间实验任务的部门只资助空间实验的经费，不负责其前期及后续经费的资助，地基研究经费依赖科技人员自行解决。这种支持模式给科研工作带来许多困难，降低了科研质量。另一方面，与空间科学计划相匹配的支持经费迟迟不能到位，重大的科学探测计划无法按期开展，这将造成最佳探测时机的错失，并导致无法实现预定的科学目标，如此造成即便科学家提出了先进的科学计划也无法按时实施的窘迫境地，这不仅严重挫伤了科学家和研究人员的积极性和工作热情，更重要的是会进一步拉大我国与世界先进水平的差距，进而影响到相关技术领域的发展以至于国家的创新发展战略，其负面影响是多方面的。建议设立空间天气重大研究计划，拓展对空间天气科学基础研究、重大探测计划和地基观测网络持续、稳定的经费支持。

此外，还要建立不同层次的实验室，培养各类专业人才。在国际上能引领学科发展的空间科学领域的领军人才还只出现在个别突破点，尚未形成"线"和"面"，整体研究实力还有待提高。因此，建设不同层次的中心和实验室，如国家级空间天气探测有效载荷中心、空间天气国家实验室，同时加强基础平台建设，建立完善的天地一体化观测网络，以促进积累空间专业人才，促进人才健康、全面的发展。

（李　陶　周　率　张效信　袁运斌　余　涛　曹晋滨　杨国涛　徐记亮　杨成昀）

本章参考文献

董泽芳 .2009. 博士生创新能力的提高与培养模式改革 . 学位与研究生教育,（5）：51-56.

范全林 .2008. 基于子午工程的国际空间天气子午圈计划 . 中国科学基金, 22（2）：65-69.

方成 .2002. 蓬勃发展的空间天气学 . 第四纪研究, 22（6）：497-499.

郭建广, 张效信 .2011. 国际上的空间天气计划与活动 . 气象科技进展, 1（4）：20-27.

孙伟, 任之光, 张彦通 .2016. 海外高层次青年人才引进现状分析：以青年千人计划为例 . 中国科学基金,（1）：80-84.

王水 .2007. 空间天气研究的主要科学问题 . 中国科学技术大学学报, 37（8）：807-812.

王水, 魏奉思 .2007. 中国空间天气研究进展 . 地球物理学进展, 22（4）：1025-1029.

魏奉思 .2011. 关于我国空间天气保障能力发展战略的一些思考 . 气象科技进展, 1（4）：55-59.

魏奉思 .2014. 空间天气科学与有效和平利用空间 . 航天器环境工程, 31（5）：457-463.

肖建军, 龚建村 .2015. 国外空间天气保障能力建设及对我国的启示 . 航天器环境工程 .（1）：9-13.

薛二勇 .2009. 论提高博士生培养质量机制的构建 . 教育研究 .（5）：88-93.

杨河清, 陈怡安 .2013. 海外高层次人才引进政策实施效果评价——以中央" 千人计划"为例 . 科技进步与对策, 30（16）.

关键词索引